国家自然科学基金项目（21808114）
山东省重点研发计划项目（2019GSF107044）
生物基材料与绿色造纸国家重点实验室开放基金项目（ZZ20190310）
山东省自然科学基金项目（ZR2016CB03）

U0149865

生物降解高分子材料
及其应用现状研究

庄倩倩　著

中国纺织出版社有限公司

内 容 提 要

聚合物工业蓬勃发展的同时也导致了环境污染的加剧,引起了人们对聚合物废料处理的关注。目前全世界每年生产塑料约1.2亿吨,用后废弃的大约占生产量的50%~60%,废塑料的处理以掩埋和焚烧为主,但这两种处理方法会产生新的有害物质。对此,一些国家实行了3R工程,即减少使用(Reduction)、重复使用(Reuse)和回收循环(Recycle)。但对一些回收困难、不宜回收或需要追加很大能量才能回收的领域(如食品包装、卫生用品)实施3R工程很困难,而使用生物降解塑料则十分有利。理想的生物降解塑料是一种具有优良的使用性能、废弃后可被环境微生物完全分解、最终能被无机化成自然界中碳素循环的一个组成部分的高分子材料。本书在广泛收集国内外的研究成果的基础上,围绕生物降解高分子材料近几年的研究开发新动向,对降解材料的机理、应用现状、生产工艺、应用领域等进行了一系列的研究,并对常见的几种生物可降解高分子材料及其应用进行了详细讨论。

本书条理清晰、内容细致,涵盖了生物降解材料的理论研究与开发应用的主要领域和前沿,理论与应用并重,对生物降解材料的现状和发展趋势进行了分析。

图书在版编目(CIP)数据

生物降解高分子材料及其应用现状研究/庄倩倩著
. — 北京:中国纺织出版社有限公司,2020.9(2025.2重印)
ISBN 978-7-5180-6775-6

Ⅰ.①生… Ⅱ.①庄… Ⅲ.①生物降解-高分子材料
-研究 Ⅳ.①TB324

中国版本图书馆CIP数据核字(2019)第228592号

责任编辑:姚 君 责任校对:王惠莹 责任印制:储志伟
责任设计:邓利辉

中国纺织出版社有限公司出版发行
地址:北京市朝阳区百子湾东里A407号楼 邮政编码:100124
销售电话:010-67004422 传真:010-87155801
http://www.c-textilep.com
中国纺织出版社天猫旗舰店
官方微博 http://www.weibo.com/2119887771
北京虎彩文化传播有限公司印刷 各地新华书店经销
2020年9月第1版 2025年2月第4次印刷
开本:710×1000 1/16 印张:13
字数:230千字 定价:68.00元

前　言

随着人类环境意识的提高，生物降解聚合物取代传统石油基聚合物已经成为发展的主要趋势。但是，目前的生物降解聚合物材料性能较低且成本高昂，这说明人们对于生物降解聚合物的研究还远远不够。

高分子材料科学与技术，在近半个世纪以来得到了迅猛的发展并以其卓越的性能和低廉的价格进入了人们的衣食住行等各个方面，而且在工业生产、运输、建筑、环保等行业已显示其大量消费的趋势。目前全世界的塑料年产量已超过 1.4 亿吨，如此巨大的生产量所带来的负面效应是消耗大量的石油资源和废弃物的处理问题。使用减量化和再回收利用是减少塑料废弃物的基本措施，但由于存在技术和能源上问题，目前再回收利用率还不到 1%，因此当前的处理方法还是以填埋和焚烧为主。众所周知，填埋将占用宝贵的土地资源，焚烧将污染空气环境。因此大力开发环境友好的生物降解材料已在世界范围内蓬勃兴起。

本书共分七章，内容包含生物降解高分子材料的含义和现状、淀粉基聚合物材料及应用、聚乳酸材料及应用、聚羟基脂肪酸酯材料及应用、甲壳素/壳聚糖材料及应用、生物合成塑料及应用、生物降解性水凝胶及应用。本书既可作为生物降解聚合物的生产、加工和应用领域的科学技术人员的指导用书，也可作为相关领域专家的参考用书，同时也可作为高等院校相关专业的教材。

由于生物降解高分子材料技术比较复杂，我们掌握的理论知识和实际应用经验还不足，书中难免有疏漏和不当之处，恳请读者批评指正。同时，本书参考了相关领域专家的论著、文献等资料，在此表示感谢。

齐鲁工业大学（山东省科学院）庄倩倩
2019 年 10 月

目　录

第一章 绪论

本章主要叙述生物降解的含义和机理以及一些聚合物降解性的机理，先分别介绍了天然生物、源于石油化工原料制备的生物降解聚合物，后分析了生物降解材料的现状以及需要降解的高分子开发与设计。

第一节 生物降解的含义和机理

一、生物降解的含义

聚合物的降解可分为光降解、光氧化降解、热降解、热氧化降解、化学动力降解、臭氧诱导降解、辐射降解、离子降解和生物降解等。在生物医药和环境保护领域，聚合物的生物降解是最重要的一类降解。

除了生物降解，高分子材料的体内降解现象还常用生物吸收、生物再吸收或生物吸回、生物侵蚀、生物退化等来表述。这些术语难以明确区分，下面将对它们的定义进行界定。

生物再吸收是指材料降解为可被生物体通过自然通道从体内消除的低分子量的物质。材料从其应用部位消失的现象称为生物吸收。在生物吸收过程中已被分散的高分子不一定非得发生生物降解。因为高分子太大难以通过简单的扩散清除，可能是通过特殊的转运机理清除的。如果该聚合物分子被生物体代谢或排泄，则该过程就变成了生物再吸收。

二、生物降解的机理

生物降解聚合物通常经历两步（初步降解和最终的生物降解）。初步降解过程是聚合物主链断裂形成低分子量的可以被微生物同化的碎片（图1-1）。分子量的降低主要是由于水解或氧化反应使聚合物链断裂。在有酶或无酶存在的环境中，利用环境中的水可以使聚合物发生水解。在这种情况下，自动催化体系如热或金属催化可以促进聚合物的水解。氧化断裂主要在氧气、金属催化剂、光或酶作用下发生。需要注意的是，聚合物链在机械应力如弯曲、压力或拉伸作用下也可以发生断裂。降解过程中生成的低分子量碎片进入微生物细胞中，进一步发生同化作用转化为二氧化碳、水、微生物细胞或喜氧环境中的代谢产物。在厌氧环境中，同化作用不生成二氧化碳和水，而甲烷成为了主要产物。本节将对降解过程中的一些现象，如聚合物链的断裂、降解方式和酶催化的主要降解机理等进行综述。

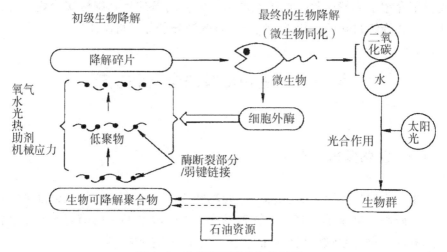

图 1-1　生物降解聚合物的过程

（一）聚合物链的断裂

聚合物以两种方式发生链的断裂，即外切型解聚和内切型无规断裂。在前一种情况下，聚合物链由链端发生断裂，所形成的水溶性单体或低聚物进入反应介质中。在该过程中聚合物残留成分分子量的降低速率较低［图 1-2 曲线（a）］，聚乙烯醇的生物降解过程就是一个典型的例子。在后一种情况下，聚合物链发生无规断裂。聚合物残留部分分子量的降低速率较高［图 1-2 曲线（b）］，同时残留部分的力学性能也迅速降低。在聚合物链断裂的过程中，降解主要发生在弱链接部位。也就是说，聚合物主要是在物理化学作用下通过相对较弱的链接部位的断裂完成降解。聚苯乙烯和聚丙烯酸甲酯的热降解就是典型的例子。

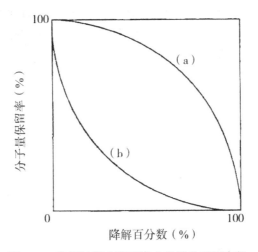

图 1-2 降解过程中残留聚合物的分子量变化

(a) 外切型解聚反应 (b) 内切型无规断裂

(二) 生成电荷

有些高分子本来是水不溶性的,但其分子上的侧基离子化或质子化后可变成水溶性的。如下式:

$$R—COOH+OH^-\Longrightarrow R—COO^-+H_2O$$
$$R—CH_2NR_2+H^+\Longrightarrow R—CH_2N^+HR_2$$

水不溶性　　　　水溶性

聚酸的溶解性具有 pH 值敏感性,在低 pH 值条件下,聚酸具有水不溶性;随溶液 pH 值增大,羧基电离程度增大,离子化基团增多,聚合物亲水性增强,最后具有水溶性。聚碱的溶解性也具有很强的 pH 值敏感性,只是受 pH 值值影响正好相反,在较低 pH 值条件下,具有水溶性。

聚酸常用作肠溶包衣材料,它们在 pH 值较低的环境下 (如胃中),水溶性不好;而在碱性条件下 (如肠道中),具有良好的溶解性。用作肠溶包衣的高分子有虫胶 (紫胶桐酸酯)、乙酸纤维素酞酸酯、乙酸纤维素琥珀酸酯、羟丙基甲基纤维素酞酸酯和甲基丙烯酸甲酯-甲基丙烯酸共聚物。

侧基为酸酐或酯基的水不溶性高分子,在酸酐或酯基水解后再离子化,就可转变成水溶性高分子。如聚甲基丙烯酸甲酯和聚丙烯酸甲酯是水不溶性的,其酯基水解后,产生的羧基电离,形成羧酸根离子,就可变成水溶性的。

通过高分子设计可合成出具有各种 pH 值敏感的聚合物,如用甲基乙烯基醚与马来酸酐的共聚物部分酯化可制备各种溶解 pH 值的高分子。用 1-己醇酯化制得马来酸酐的半己酯共聚物，该高分子中的羧基电离为羧酸根后，变成水溶性，反应方程式如下：

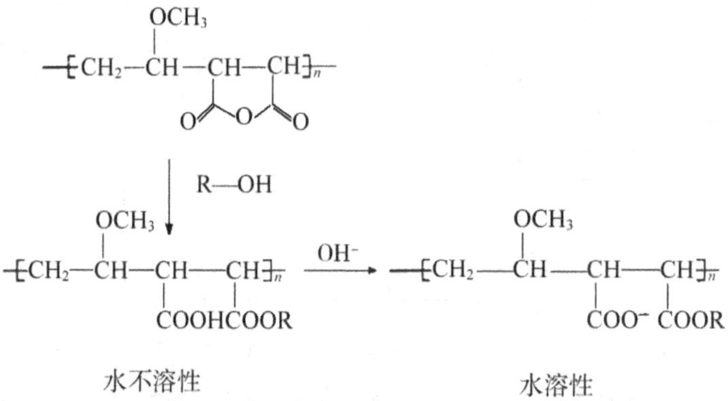

这种部分酯化共聚物的溶解性对周围水性环境具有高度的 pH 值敏感性。它们在 pH 值大于一定值，即所谓溶解 pH 值时，具有水溶性。它们的溶解 pH 值随酯基 C 原子数的增多而增大，当酯基为 6 个碳原子的己酯时，溶解 pH 值为 6。

聚谷氨酸活泼的酯在体内会发生水解。谷氨酸和谷氨酸乙酯的共聚物可用于制备具有不同亲水性的水凝胶。随谷氨酸乙酯在体内的缓慢水解，聚合物亲水性增大。生物降解速度与高分子中谷氨酸的含量有关，当共聚物中谷氨酸约为 50% 时，该高分子具有水溶性。部分或全部酯化的谷氨酸（或天冬氨酸）与亮氨酸的共聚物也能发生生物降解。

（三）化学水解

化学水解是生物降解性高分子最重要的降解机理。表 1-1 中列出了一些主要的可降解性聚合物的结构。

表 1-1　一些可降解性聚合物的结构

聚合物	结构
肽	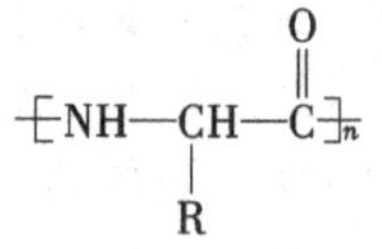
聚丙交酯	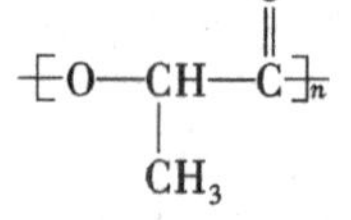

续表

聚合物	结构
聚乙交酯	$\begin{matrix} & & O \\ & & \parallel \\ \end{matrix}$ $\left[O{-}CH_2{-}C\right]_n$
聚 ε-己酸内酯	$\left[O{-}(CH_2)_5{-}C\right]_n$ （含 O 羰基）
聚 β-羟基丁酸酯	$\left[O{-}CH{-}CH_2{-}C\right]_n$，侧基 CH_3
聚 β-羟基戊酸酯	$\left[O{-}CH{-}CH_2{-}C\right]_n$，侧基 CH_2CH_3
聚二氧杂环乙烷酯	$\left[O{-}C{-}CH_2{-}O{-}CH_2{-}CH_2\right]_n$
聚对苯二甲酸乙二醇酯	$\left[O{-}(CH_2)_2{-}O{-}C{-}\langle 苯环 \rangle{-}C\right]_n$
聚苹果酸	$\left[O{-}CH{-}CH_2{-}C\right]_n$，侧基 $COOH$
聚羟基丙二酸	$\left[O{-}CH{-}C\right]_n$，侧基 $COOH$
聚原酸酯	$\left[\text{二氧杂环}{-}O{-}R\right]_n$
聚酐	$\left[R{-}C{-}O{-}C\right]_n$（两个羰基）

聚合物	结构
聚氰基丙烯酸酯	$\{CH_2-C\}_n$ 其中上方为 CN，下方为 COOH
聚膦腈	$\{N=P\}_n$ 其中上方为 R，下方为 R′
聚磷酸酯	$\{O-R-O-P-O\}_n$ 其中上方为 O，下方为 R′

（四）酶催化水解

1. 酶的性质

酶是一类对它所催化的反应及反应物（底物）具有高度专一性的生物催化剂，其化学本质绝大多数属于蛋白质，少数属于 RNA 类。酶通过与底物结合形成复合物而加速反应。与酶活性直接相关的结构区域称为酶的活性中心，活性中心的化学基团实际上是由具有催化作用和不具有催化作用的某些氨基酸残基组成。具有催化作用的基团引起底物电子云密度的变化，从而促使化学键的断裂或形成。不具有催化作用的基团与化学键断裂或形成部位很接近，通过与底物相互作用，降低反应的活化能。

根据酶促反应的性质，将酶分成 6 大类：氧化还原酶、转移酶、水解酶、裂合酶、异构酶和连接酶。

2. 人体内的水解酶

人体消化道中的酶起着把蛋白质、多糖、甘油三酯和核酸消化为可吸收的代谢物的作用。

口腔中唾液腺分泌的 α-淀粉酶和涎淀粉酶催化 $1,4$-α-D-葡萄糖苷键的水解，水解产物为麦芽糖和最多达 9 个葡萄糖分子的各种低聚糖。由于在口腔的停留时间有限，而在胃中 α-淀粉酶又没有活性，咽下的淀粉中只有 30%～40% 被唾液酶水解。在口腔中部分的甘油三酯被舌脂酶水解，由于舌脂酶在胃中仍有活性，可水解 30% 的饭食中的甘油三酯。

胃中主要的水解酶是胃蛋白酶，其酶原——胃蛋白酶原Ⅰ和Ⅱ是由胃泌酸腺和幽门腺分泌的。胃蛋白酶的重要作用之一是消化胶原，胃肠道中约有10%～30%的蛋白质是经胃蛋白酶消化的。胃蛋白酶在pH值为1.6～2.3时活性最大，排空进入十二指肠（pH值为2.0～4.0）后会失去活性。胃液中除了胃蛋白酶原Ⅰ和Ⅱ，还有小量的胃淀粉酶、胃脂酶和明胶酶，它们在消化过程中起的作用较小。绝大多数的酶催化水解发生在小肠，不能被唾液α-淀粉酶分解的多糖基本上可被胰腺α-淀粉酶完全水解。胰脂酶可将小肠中的甘油三酯水解成甘油单酯和脂肪酸。胰腺分泌的胆固醇酯酶和磷脂酶A_2水解胆固醇酯和磷脂。小肠是蛋白质消化的主要场所，其消化酶为胰腺分泌的糜蛋白酶、胰蛋白酶、弹性蛋白酶和羧肽酶A和B。

由小肠刷状缘组成的微绒毛含有的酶水解二糖、二肽、低聚肽和低聚糖。葡萄糖苷酶水解α-糊精、麦芽三糖、麦芽糖、乳糖和蔗糖。这些酶主要位于空肠中段和前段。低聚肽和二肽由氨基肽酶和二肽酶水解生成氨基酸。

胃肠道中含有许多正常代谢活动必需的需氧菌和厌氧菌，在回肠末端和结肠中含量最高。结肠环境最适合厌氧菌。蛋白质和多糖可被细菌丛消化。有时，结肠细菌利用蛋白质作为营养物质。结肠细菌可能对胰酶如亮氨酸氨基肽酶、胰蛋白酶和糜蛋白酶的降解起着重要作用。结肠细菌分泌的另一种独特的酶为偶氮还原酶。含有偶氮键的化合物的水解已被用于研究结肠靶向给药系统。

网状内皮组织系统（RES）由巨噬细胞组成，它既可以在血液中循环，又可位于某一特定的组织中。位于淋巴结、脾、骨髓中的巨噬细胞称为组织巨噬细胞；位于肝、肺泡、皮下组织和脑中的巨噬细胞分别称为Kupffer细胞、肺泡巨噬细胞、组织细胞和小神经胶质细胞。RES中的巨噬细胞具有细胞内和细胞外消化能力。细胞内消化从内吞开始。内吞作用是一种通过将固体物质和大分子掺合于细胞内小囊或内涵体的细胞内转运机理。固体物质的内吞称为吞噬作用，而液体物质的内吞叫胞饮作用。巨噬细胞对各种病原体、进入体内的异物和微粒具有吞噬活性，还具有除去内源物质如血浆蛋白和坏死组织的作用。内吞后，形成的溶酶体中含有许多水解酶，这些水解酶可将蛋白质、多糖、核酸和磷脂降解为小分子物质。

3. 影响酶催化反应的因素

酶或底物构象的改变对酶的催化有极大的影响。酶活性中心的具有催化作用和不具有催化作用的残基构象变化将损害底物的识别和结合。这种构象变化可通过改变pH值、离子强度或溶剂引起，这些因素或损害或促进酶-底物复合物的形成。如胃肠道中的蛋白水解酶的活性具有 pH 值依赖性。胰蛋白酶和糜蛋白酶在小肠中活性最大，而胃蛋白酶在胃中活性最大。底物的构象和构型也对酶催化反应速度有影响，如底物的立体阻碍会对与酶的紧密接触有影响。

反应介质中的聚合物对酶催化水解速度影响很大。聚合物使反应体系黏度增大，从而降低酶和底物的扩散系数，使酶和底物发生碰撞的频率减少，总的反应速度减小。如果底物与聚合物链发生作用，酶-底物复合物的形成就会受到限制。如果底物与聚合物是通过化学键合的，聚合物对酶活性的影响主要是通过立体阻碍发挥作用的。在与聚合物主链相连的低聚肽降解过程中，聚合物链的立体效应使低聚肽的水解部位远离聚合物主链，也使酶催化降解速度减少。

酶催化降解对一些天然聚合物（如蛋白质和多糖）作用特别明显，因此，胶原、纤维蛋白、甲壳素、白蛋白和透明质酸已被用来制备酶催化降解性生物材料。从蛋白质的酶降解受到启示，酶在合成聚氨基酸如聚赖氨酸、聚精氨酸、聚天冬氨酸或聚谷氨酸的降解中会起到重要作用，尽管酶对这些聚氨基酸的降解所起的作用有多大难以预料，但是对聚赖氨酸的酶降解研究最多。

一些疏水性聚合物如聚乙烯、聚丙烯或聚苯乙烯，由于没有可水解的化学键，应具有很好的稳定性。然而，它们在植入生物体内或在合适的酶存在下也会发生一定程度的降解。α-己内酯和 δ-戊内酯交联弹性体的体内水解速度大于体外，且在体内可观察到表面侵蚀，而在体外主要是本体侵蚀。这说明酶在材料的生物降解过程中起着重要的作用。实际上，一些似乎是惰性的聚合物，如尼龙、聚醚氨酯、聚对苯二甲酸二乙酯、聚己内酯等可被酶降解。

酶渗透合成聚合物的能力决定酶催化降解的程度和降解的模式——表面降解或本体降解。Biomer 为一种链段聚醚氨酯，可被木瓜蛋白酶本体降解，而只被脲酶表面降解。因为木瓜蛋白酶的分子量为 20700，分子较小，可扩散到聚合物材料中；而脲酶的分子量为 473000，分子太大，只能作用在材料表面。

一些水溶性合成聚合物也可酶催化降解，如聚乙二醇、聚丙二醇和聚四氢呋喃可被细菌生物降解。聚乙烯醇是唯一一种可被细菌酶降解的具有 C—C 主链的聚合物。聚乙烯基吡咯烷酮也可在体内被降解，尽管如此，静脉注射聚乙烯基吡咯烷酮的代谢很少，低于 0.3%，且仅仅分子量较小的才能被代谢。

（五）塑料的降解位点

通常，材料的无定形区最容易在酶或非酶环境中发生水解，这主要是由于水很容易渗入无定形区域的缘故。根据材料上的降解位点，塑料主要有两种降解方式，即表面刻蚀降解和本体降解。当有碱催化剂或酶存在时，或者水分子很难扩散进入本体中时，主要在表面发生降解。在表面降解过程中，可以观察到有球粒的形成，且经过降解初始阶段之后，样品的质量迅速减少。根据样品的形状、厚度和结晶度，在降解过程中其力学性能也发生不同的变化。

（六）水解降解机理

聚酯、聚酸酐、聚碳酸酯和聚酰胺主要通过水解在初级降解阶段成为低相对分子质量的齐聚物，随后在微生物降解过程中被微生物消化吸收。如图 1-3 所示是可水解聚合物的典型水解降解过程。水解降解可以分为两种类型，即催化水解和非催化水解。催化水解又可以分为外部催化水解和内部催化水解。前者包括由水解酶（如解聚酶、酯酶、脂肪酶和甘油水解酶等）催化的酶降解和非酶（如环境中的碱金属和固体酸等）催化的降解；后者主要由聚合物链端基的羧基自动催化完成降解。通常，酶促降解过程总伴随着非酶催化过程的发生。

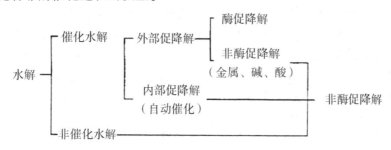

图 1-3 可水解聚合物的典型水解降解过程

（七）混合降解机理

除了简单的水解降解过程，生物降解聚合物还存在一些其他降解机理，其中就包括自由基机理的氧化降解。对于不可水解的聚合物，氧化降解过程是其主要的机理，如聚烯烃、天然橡胶、木质素和聚氨酯。对于很多聚合物，在环境中水解和氧化降解往往同时发生。

第二节　生物降解性聚合物

蛋白质和碳水化合物是最主要的可再生生物聚合物，并被广泛应用于工业和医药领域。很多水解酶可以催化蛋白质和碳水化合物的初级水解过程。除了这些聚合物，还有一些较低含量的聚合物，如天然橡胶、核酸和木质素。

一、天然橡胶和反式聚 1,4 异戊二烯

橡胶可以分为天然橡胶、具有确定相对分子质量的交联网状结构硫化天然橡胶和合成聚烯烃类橡胶。其中，只有硫化或未硫化天然橡胶和合成聚异戊二烯橡胶具有生物降解。除了在橡胶工厂，天然橡胶还可以在很多草或植物种类中发现。因此，天然橡胶降解微生物在环境中具有广泛的分布，天然橡胶可以被各种微生物所降解。降解过程通过聚合物链上双键的氧化反应得以引发，橡胶残留物上双键含量不断降低，同时可以观察到羰基、过氧化基团和环氧基团的形成。

Tsuchii 等由土壤中分离出两种橡胶降解微生物菌株，即放射菌类 Nocardia sp 菌株 835A 和 Xanthomonas sp 菌株 35Y。在生长初始阶段，有机体主要在不溶性橡胶基质上进行生长，细胞紧紧吸附在橡胶表面。菌株 35Y 在天然橡胶乳胶上的生长速度较慢，同时分泌出细胞外橡胶降解酶。天然橡胶经酶促降解成为主要由 2 或 113 个异戊二烯单元组成的聚合物碎片，每个碎片含有醛和酮端基基团。如图 1-4 所示，碎片具有很多专一性，氧化酶催化天然橡胶的链断裂主要发生在反式异戊二烯单元的双键部位。他们还得到了部分纯化的黏均分子量为 $5×10^4$Da 的酶。

这些研究者还深入研究了橡胶垃圾处理过程中的生物降解。天然橡胶的相对分子质量由 640000 降低到 25000，表明该生物降解过程以 Jendrossek 等所报道的内部断裂机理进行。根据这些研究结果，可以证明天然橡胶的初步降解过程，主要是由橡胶降解微生物产生的细胞外酶引起的，使橡胶成为低相对分子质量的碎片并进一步被微生物所吸收。

在合成橡胶中，只有顺式聚异戊二烯橡胶可以发生生物降解，同时也有报道证明顺式聚异戊二烯的双键很容易发生氧化降解。因此，如图 1-4 所示，双键部位的断裂可以生成羰基基团。其中，双键断裂双氧酶是通过过渡金属辅因子与氧分子作用形成的。

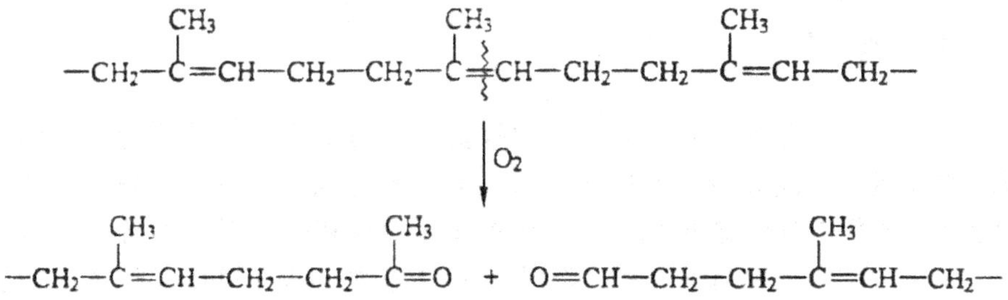

（a）天然橡胶降解机理

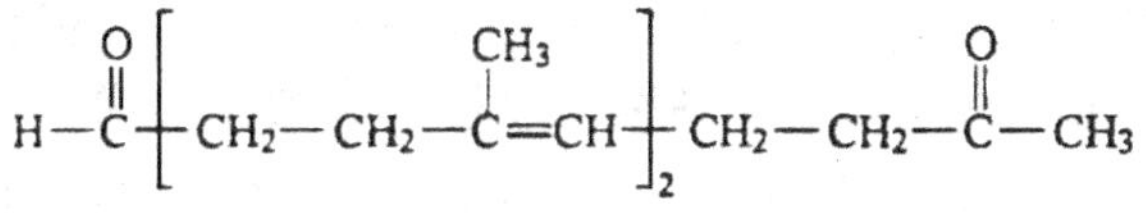

（b）菌株35Y催化得到的最终产品

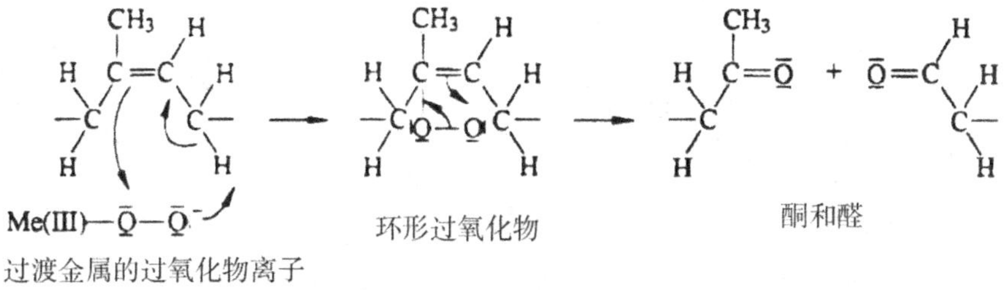

过渡金属的过氧化物离子　　　　　环形过氧化物　　　　　酮和醛

（c）顺-1,4聚异戊二烯上双链的降解机理

图1-4　天然橡胶和其终端产品的降解机理

二、木质素

在植物有机材料中，木质素中的碳约占 30%。木质素作为丰富的可再生碳资源可以从生物群中提炼得到，然而多基因结构限制了它作为化学原料应用的有效性。为了使其作为一种化学原料，寻求一种转换方法是很有必要的。对于木质素的生物降解，需要设计一种对此类材料可行的生物转换方法。木质素降解的唯一一种有机途径是担子菌类的白色腐质真菌或相关的木材腐烂真菌的作用。作为真菌细胞外的木质素改性酶、虫漆酶、过氧化物酶和锰过氧化物酶是最常见的，并且也有人研究过其反应机理。因为木质素材料的高分散性，木质素降解的详细机理尚未有人作深入研究，但已经有许多优秀的综述文献发表。

三、煤炭

在地球上广泛沉积的煤炭是一种重要的化石资源，并且可能比石油资源还要丰富。因此煤炭可能再次变为一种重要而且通用的原材料，由此可以制备各种第二代碳原料化合物。在将煤炭生物转化为低相对分子质量化合物的过程中，生物过程是一个环境友好性过程，这样可以节省煤炭衍生化学工业的能量。

煤炭是一种复杂的非均相网状聚合物，在芳香结构之间以脂肪和醚键连接。煤炭主要有两种生物转化过程，即增容和解聚。可以促使煤炭溶解为黑色液体的各种微生物包括喜氧细菌、放射菌和霉菌。增容过程主要是一个非酶过程，偶尔涉及螯合和水解酶。增容过程也被 Fakoussa 等称为 ABC 体系。该体系随后又被拓展为 ABCDE 体系，如图 1-5 所示，该拓展体系可以描述褐煤的生物转化过程中的机理。

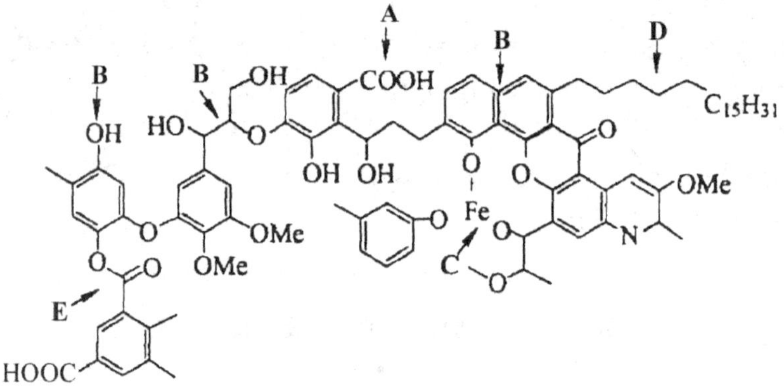

图 1-5　褐煤生物转化的 ABCDE 机理

A—碱性物质；B—氧化酶生物催化剂；C—螯合剂；D—清洁剂；E—酯酶

ABCDE 体系中的各元素说明如下：

（1）碱性基质。由于煤炭腐殖酸中含有大量的羧基基团，因而可以被碱增容，并形成黑色的水溶性盐溶液。介质中的碱性条件可以通过碱性代谢物的分泌进行调节，例如铵离子和生物胺。在含有一价或二价的金属有机酸生长基质中，微生物可以释放出自由碱。

（2）氧化酶生物催化体系。这种酶体系包括过氧化物酶，如锰过氧化物酶、木质素过氧化物酶，以及其他过氧化物酶和酚氧化酶如虫漆酶，还有低相对分子质量试剂，如草酸盐和苹果酸盐。

（3）螯合剂。螯合分子可以除去煤炭网状聚合物结构中桥链上的络合金属离子。

（4）清洁剂。化学或生物活性剂可以增容煤炭或者从煤炭中萃取特定的化合物，这些化合物主要与煤炭中的脂肪成分相关联。

（5）酯酶。褐煤的增容主要归因于水解酶（如酯酶）的作用，酯酶可以断裂酯键和碳分子中其他可水解链接。

煤炭的初级降解主要是在细胞外过氧化物酶的作用下其结构上碳碳共价键和醚键的断裂。木质素水解真菌中的木质素过氧化物酶和锰过氧化物酶可以将煤炭解聚并释放出棕黄酸，该降解过程是以共代谢的方式进行的。

第三节　高分子降解理论

一、降解的形式与特点

高分子降解形式可以分为生物降解、化学降解、物理化学降解和环境降解等几种，如图1-6所示。

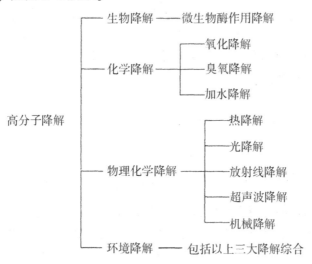

图1-6　高分子降解形式

（一）无规断链

其特点是降解初期相对分子质量减少相当快，而质量减少较小。如聚乙烯断链后形成的自由基活性很高，四周又有较多的二级氢，易发生链转移反应，可以用分子内的"回咬"机理来说明。

$$\sim CH_2CH_2CH \overset{\underset{\displaystyle \begin{matrix} CH_2-CH_2 \\ | \quad\quad | \\ CH_2 \\ | \\ \cdot CH_2 \end{matrix}}{H}}{} \longrightarrow \sim CH_2CH_2CH \overset{\underset{\displaystyle \begin{matrix} CH_2-CH_2 \\ | \quad\quad | \\ CH_2 \\ | \\ CH_3 \end{matrix}}{\cdot}}{}$$

$$\downarrow \qquad\qquad\qquad\qquad \downarrow$$

$$\sim CH_2CH_2CH{=}CH_2 \ + \ \cdot CH_2CH_2CH_2\sim CH_2\cdot \ + \ CH_2{=}CHCH_2CH_2CH_2CH_3$$

（二）解聚

解聚反应是先在大分子末端断链，生成活性较低的自由基，然后按连锁机理迅速逐一脱除单体。如聚甲基丙烯酸甲酯的解聚反应为：

$$\sim CH_2\overset{\displaystyle CH_3}{\underset{\displaystyle COOCH_3}{-C}}-CH_2\overset{\displaystyle CH_3}{\underset{\displaystyle COOCH_3}{-C}}\cdot \longrightarrow \sim CH_2\overset{\displaystyle CH_3}{\underset{\displaystyle COOCH_3}{-C}}\cdot \ + \ CH_2{=}\overset{\displaystyle CH_3}{\underset{\displaystyle COOCH_3}{C}}$$

高分子末端链开始分解的场合，在生物化学中，相当于外切酶作用下的分解。对于高分子化学，其进行连锁反应的同时，末端逐级被分解。因此其特点是分解初期，质量减少非常快，而相对分子质量减少并没有那么快。人们可通过对高分子末端的封端，来防止由于解聚而引起的质量减少和相对分子质量的降低。

二、生物降解特点

（一）生物降解聚合物的降解机理

聚合物的降解机理十分复杂，一般认为生物降解并非单一机理，是复杂的生物物理、生物化学作用，同时伴有其他的物理化学作用，如水解、氧化等，生物作用与物理化学作用相互促进，具有协同效应。

（二）生物降解作用方式

生物降解是材料被细菌、霉菌等作用消化吸收的过程，大致有三种作用方式：

（1）生物的物理作用。由于生物细胞的增长而使物质发生机械性的毁坏。

（2）生物的化学作用。微生物对聚合物的作用而产生新的物质。

（3）酶的直接作用。微生物侵蚀部分导致塑料分裂或氧化崩裂。

第四节　天然生物降解聚合物

一、蛋白质

几千年以来，人们一直都在使用天然蛋白质（如羊毛、丝和发类）来做成服装或者珍贵的饰品。蛋白质是由天然氨基酸以酰胺键连接起来的大分子，在蛋白酶的作用下可以降解。最早工业化生产的蛋白质是 19 世纪三四十年代研究发展的酪蛋白和豆蛋白。

（一）胶原质和明胶

胶原质和明胶是最为常见的动物蛋白质大分子。胶原质具有不可伸展性和较好的刚性，明胶是由胶原质经过物理或化学变性得到的。明胶的优异性能来源于其在热水中的高溶解度，以及由于带电特性和其本身特征所形成凝胶的热可逆性。明胶成分在很多黏性物质中存在。通常，明胶主要应用在药物包装、X 射线、胶卷和食品方面。作为一类生物降解聚合物，明胶的优点包括：无抗原性，在生物体内具有可再吸收性，物理、化学性能具有可调控性，在水或甘油的存在下具有可塑性等。但是，由于可能存在的动物病菌感染问题，明胶的实际应用受到了一定的限制，聚乙烯醇和明胶的共混物也就成了研究的主要方向。

（二）酪蛋白

酪蛋白是由脱脂乳蛋白中提取得到的一种天然大分子。它代表一类相对分子质量很小但在工业水溶性胶黏剂方面具有重要应用价值的天然聚合物。酪蛋白主要应用在工业胶黏剂和包装领域（如酿酒和冷冻产品等），它还是一种涂料胶黏剂或胶黏剂配方的一种助剂，也可用做混凝土的增塑剂。Beyer Richard 的研究表明，含酪蛋白大分子的材料还可以用来制备食品包装膜。

（三）小麦和谷物的麸皮

由面筋制备的聚合物材料具有很好的柔性、韧性和透明性，能够完全生物降解。这类材料具有热塑性，呈黄色或浅褐色，对氧气和二氧化碳的透过性较低，但是由于对水的敏感性使其不具备防潮的功能。其潜在的用途主要是可控释放化学产品的包装袋，例如厕所清洁剂。全世界的小麦麸皮产量约为40万吨/年。而且，由于具有可食用性，麸皮还可以用作食品包装材料以及咖啡或其他食品的添加成分。

（四）豆蛋白

大豆含有18%的油、38%的蛋白质、30%的多糖（包括15%的可溶性多糖和15%的淀粉）以及14%的水分和灰分。1940年，Henry Ford等利用豆蛋白材料制成了汽车的车体。利用豆蛋白还可以制备多种生物降解材料，其中主要是基于甲醛的热固性复合材料。通过添加多磷酸盐填料，可以提高材料的耐水性，较高的弹性模量使这类材料具有广泛的应用。此外，豆蛋白还可用作医药材料的树脂，其中甘油被用作增塑剂，γ-氨丙基-三乙氧基硅烷被用作偶联剂。

（五）天冬氨酸和赖氨酸的多肽

这类多肽聚合物材料在水中具有很多的特性，已被MitSui Chemical公司商业化，主要应用在园艺方面。

二、脂质

多数植物油和动物脂肪都属于不饱和酸，一些油类已经被用于常见的涂料（例如亚麻油、桐油被用作涂料、清漆或磁漆中的干性油），或者被用于肥皂、清洁剂、化妆品和滑润剂等方面，植物油还被用来制备热固性树脂。脂质可以和天然纤维混合以增进复合材料的韧性，同时能够降低材料的重量。

全世界约80%的脂质类产品为植物油，大豆油和棕榈油是其中最重要的两种产品。欧洲油（如油菜菜子、向日葵和亚麻仁）约90%的成分为不饱和脂肪酸。最具代表性的甘油三酸酯中含有大量的不饱和基团(图1-7)，其活性点如双键、烯丙基、酯键和与酯键相连的 α 氢。采用和石油基聚合物材料相似的合成方法，可以将可聚合基团引入甘油三酸酯的活性点上。

蓖麻油中所含的蓖麻油酸上存在一些羟基，利用这些羟基官能团可以聚合形成聚氨酯或聚酯等聚合物。将芳香或环状结构等化学官能基团引入甘油三酸酯的结构，可以提高网状聚合物的刚性，由该类树脂和增强纤维制成的材料具有很高的力学性能（例如由玻纤增强的树脂，拉伸强度高达 $1 \sim 2GPa$ ）。

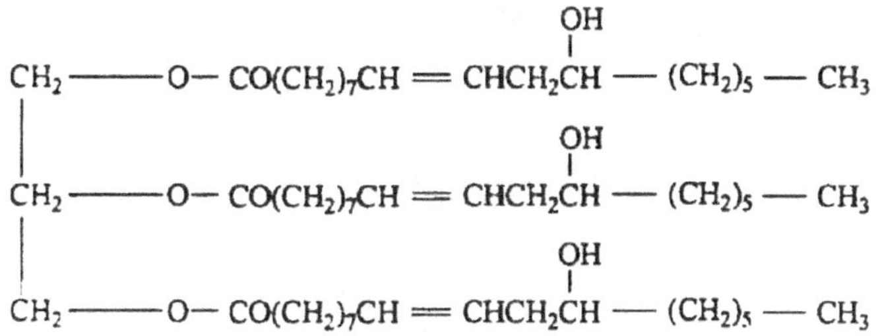

$$CH_2 \longrightarrow O - CO(CH_2)_7CH = CHCH_2\overset{\displaystyle OH}{\underset{\displaystyle |}{CH}} - (CH_2)_5 - CH_3$$

$$CH_2 \longrightarrow O - CO(CH_2)_7CH = CHCH_2\overset{\displaystyle OH}{\underset{\displaystyle |}{CH}} - (CH_2)_5 - CH_3$$

$$CH_2 \longrightarrow O - CO(CH_2)_7CH = CHCH_2\overset{\displaystyle OH}{\underset{\displaystyle |}{CH}} - (CH_2)_5 - CH_3$$

图 1-7 蓖麻油中甘油三酸酯的结构

三、混合天然聚合物材料

（一）天然橡胶

自 19 世纪以来，由于具有优异的耐老化性能，天然橡胶已经被广泛地开发利用。但是，化学家们一直致力于研究如何降低橡胶的氧化、热带环境中的生物侵蚀作用。最常见的是由天然橡胶树 Hevea BraZiliensis 生产的反式聚异戊二烯。如今这类聚合物已可由石油化工原料异戊二烯单体合成制备。目前的研究已经转移到如何通过添加剂（如芳香胺、抗氧剂）和其他组分来抑制硫化过程中的降解作用。

（二）复合材料

两种或两种以上生物降解聚合物的混合物不在这里进行讨论，将其用作基体树脂时，将在其他部分进行描述。淀粉和木质素通常作为填料使用，根据其含量多少，可以作为一个组分或基体树脂，也将在其他部分进行介绍。天然纤维中也可以加入生物降解材料，包括棉花、黄麻、亚麻、大麻、苎麻、剑麻和马尼拉麻等。表 1-2 列出了这些纤维的主要力学性能。

表 1-2 天然纤维的力学性能

纤维种类	密度/（g/cm³）	拉伸强度/MPa	弹性模量/GPa	断裂伸长率/%
棉花	1.5～1.6	290～700	5.5～12.6	3.0～10.0
黄麻	1.3～1.45	395～773	13～27	1.16～1.80
亚麻	1.40～1.50	345～1100	28～60	2.7～3.2
大麻	1.48	550～900	70	1.6
苎麻/中国草	1.50	400～900	61.4～125.0	1.2～3.8
剑麻	1.33～1.45	468～700	9.4～32.0	2.0～7.0
椰子壳纤维	1.25	230	6.0	15～25
马尼拉麻	1.50	980	—	—

四、多糖聚合物

（一）淀粉基聚合物

淀粉是由 D-葡萄糖单元连接而成的大相对分子质量的聚合物材料，通常以两种形式存在：直链淀粉和支链淀粉。直链淀粉具有无定形和结晶区，其线性结构由 α-葡萄糖单元以 1,4 形式连接（图 1-8），而支链淀粉是在直链淀粉的主链上生成了很多支链结构而形成（图 1-9）。要达到制备热塑性材料的目的，需要降低淀粉的结晶特性，往往通过加热、加压、机械作用或添加增塑剂（如甘油、多元醇或水等）等方法来满足使用要求。

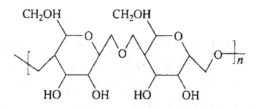

图 1-8 直链淀粉的结构

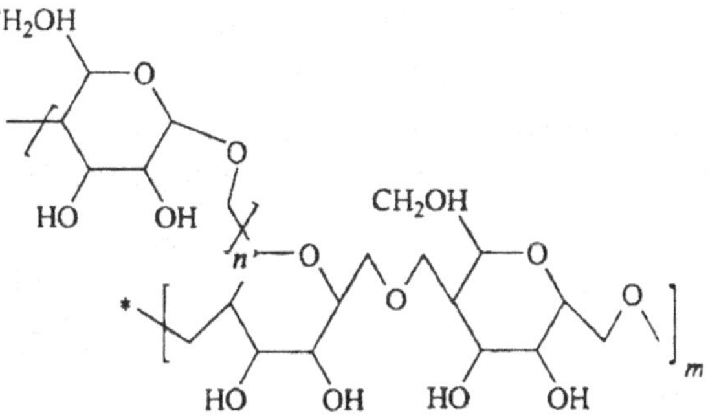

图 1-9 支链淀粉的结构

（二）第一代淀粉基聚合物

传统意义上，第一代淀粉基聚合物材料也是第一代生物降解聚合物材料。为了提高材料的抗震性和耐湿性，通常加入 10%～95% 质量分数的聚烯烃进行改性。这类聚合物共混材料在降解过程中逐渐消失，只剩下少量的碎片，而这些碎片的降解时间随着其碳链的长短而不同。

实际上，这类生物降解聚合物材料并没有得到很好的应用，很多已被停止使用，但是这类材料的发展却衍生了新一代的应用于土壤环境的生物降解共混塑料。这种共混塑料由聚烯烃和淀粉以及少量的催化剂组成，其中的催化剂主要用来提高共混物中聚烯烃在光或热作用下的降解性能。第一阶段的淀粉微生物降解使材料产生了很多孔洞，并使塑料的骨架结构得以破坏，进一步促使聚烯烃组分的降解。

目前，农用的塑料薄膜主要由低密度聚乙烯（LDPE）和分散在热塑性基质中的过渡金属催化剂以及 6%～15% 的淀粉组成。然而，这类材料的降解仍需要几年的时间，达不到材料降解的标准要求。有时为了提高淀粉和热塑性亲油相的相容性，需要将淀粉用硅烷偶联剂进行预处理，这种技术通常也被应用到聚氯乙烯（PVC）、聚酯及其衍生物等材料的生产中。

（三）第二代淀粉基聚合物

第二代淀粉基降解聚合物材料包括两个主要产品，第一种是面粉生物聚合物材料；第二种是由淀粉和其他生物材料进行塑化得到的生物聚合物材料。在这种情况下，淀粉将更多地被用作填料。面粉基生物聚合物材料主要以黑麦、小麦和玉米等为原料，通常比第二种材料生产成本较低，适用于公共饮食业（如餐具、餐叉和盘子等）。我们还可以对第二代降解聚合物材料进行详细分类，包括淀粉、纤维素纤维、半纤维素和脂类等。下面对一些商业用的生物降解聚合物材料进行介绍。

（1）Supol（Supol，德国）。将土豆粉在压力下进行热处理，得到的颗粒状物可以被注塑制成一次性的盘子，这种盘子可适用于微波环境并具有可堆肥性。另外，处理后得到的颗粒状物还可以被用作动物饲料。

（2）Evercorn（Cornstarch，日本）。塑化后的玉米淀粉可以通过挤出方法制成餐具和园艺用具等小器件，这类材料和其他生物降解聚合物材料［如聚 β -羟基丁酸-CO- β -羟基戊酸（PHBV）、聚乳酸、聚己内酯等聚酯］具有很好的相容性。

（3）Vegemat（Vegemat，法国）。这类材料以全谷物为原料制备得到，生产成本相对较低（1 €/kg），可以采用挤出成型的方法，最小厚度可以达到1mm。这类材料不需经过任何处理就对湿气具有很强的敏感性，可以在8个星期内完全降解。

（4）Paragon（Paragon Products BV，荷兰）。这类热塑性淀粉材料以土豆、小麦、玉米和木薯类为原料，并被广泛应用在食品包装、玩具和兽医学材料等领域，还可以被注塑成为一些复杂的器件。

（5）Clean Green Packing（Starchtech Inc.，美国）。这是一种可溶于水并具有可堆肥性的材料。为了弥补单一淀粉材料的性能不足，可以通过化学处理改善材料的耐湿性。一种方法是将淀粉链上的自由羟基进行乙酰化或者和丙酸进行酯化反应；另一种方法是添加一些亲油性的天然蜡或者生物降解塑料以提高材料的耐湿性，但是这种改性方法将会提高材料的生产成本。Novon 最初由 Warner Lambert 开发并用于制备药物胶囊，其中的淀粉含量达到80%～90%。一些品种具有食用性，还有一些品种可以热压成型、挤塑成型或注塑成型。

另一种方法是将价格较为低廉的淀粉和聚酯与价格较为高昂但具有优良性能的聚醋酸乙烯酯（PVA）和醋酸纤维素等组分进行共混。下面对一些商业化的共混物进行介绍。

（1）淀粉+聚醋酸乙烯酯。这类共混材料主要由 Mater-bi 公司、Envirofil 公司和 Greenffll 公司生产。

（2）Mater-bi（Novamont，意大利）。Mater-bi 是在欧洲市场最常见的一类生物降解聚合物材料，是淀粉和天然增塑剂的混合物，在进行树脂化的过程中，还可以添加一些纤维素的衍生物、聚己内酯或聚乙烯醇等聚酯。这类材料也具有可堆肥性，主要用于覆盖膜、购物袋、食品袋、盘子和卫生用品等，其中用于覆盖膜的 Mater-bi 生产量约为 20000 吨/年。在伦敦等很多城市，Mater-bi 已成为生产垃圾袋的主要材料。

（3）淀粉+脂肪聚酯。将生物降解脂肪聚酯和淀粉共混。通过挤塑或吹塑方法得到的塑料薄膜可用作包装材料，其中合成聚酯的含量最高可达50%。Lira 等将 1,4-丁二醇与丁二酸和己二酸的混合物进行缩合制备聚酯，然后与淀粉进行共混，所得材料的熔点接近于纯聚酯的熔点。为了增强材料的韧性和可加工性，还可以在共混的过程中加入增塑剂。研究发现，经过改性的混合物在较高淀粉含量的情况下仍然具有很好的拉伸强度和屈服伸长率。

（4）Bioplast（Biotec，德国）。Bioplast 树脂由聚己内酯和淀粉共混而成，可以通过注塑、注吹和扁挤压等方法成型。该材料对湿气比较敏感，可以制成生物降解薄膜，用作草和树叶的收集袋和农用地膜等，主要技术操作步骤包括：①以甘油为增塑剂，对淀粉进行塑化；②将己内酯在挤出机中直接进行聚合；③在挤出的过程中对热塑性淀粉和己内酯进行配方设计；④制备相容的聚己内酯-淀粉混合物。

这类商业名为 ENVAR 的新型的聚己内酯改性淀粉被制成膜材料后，可以用作废物袋、垃圾袋、小商品袋等，其性能与 LDPE 膜相当，但比纯的聚己内酯薄膜要好很多。

其他公司，如 Novamont（意大利）和 Milleta（Biotech Division，德国）也生产和销售聚己内酯改性淀粉薄膜材料（SINAS）。

（5）淀粉+聚丁二酸丁二酯（PBS）+聚丁二酸/己二酸丁二酯。为了提高淀粉和生物降解聚合物之间的界面黏合力，Gormal 等开发了两类增容剂用来提高共混物的力学性能，该类材料可以被用作食品包装膜。

（6）淀粉+醋酸纤维素（Biofiex，德国）。Biofiex 是淀粉和醋酸纤维的混合物，该类材料在废弃后可以快速降解，目前主要被用作垃圾袋和薄膜，又因具有很好的耐油性而被应用在平版印刷和苯胺印刷技术方面。

（四）纤维素聚合物

在工业应用中，纤维素主要源自树木和少量的甘蔗茎，粗纤维素的价格非常低廉（0.51 €/kg），其主要用途为造纸、隔膜、膳食纤维、炸药和织品类等。

图 1-10 所示是纤维素的结构示意图，强的内醚糖键连接可以确保纤维素在各种介质中都具有很好的稳定性。由于其具有很高的结晶性，在很多溶剂中都不溶解，为了增强其可热塑性，通常将主链上的自由羟基进行酯化或醚化反应。多种纤维素已经得到商业化生产，如醋酸纤维素、乙基纤维素、羟乙基纤维素、羟丙基纤维素、羟烷基纤维素、羧甲基纤维素和脂肪酸酯纤维素等。

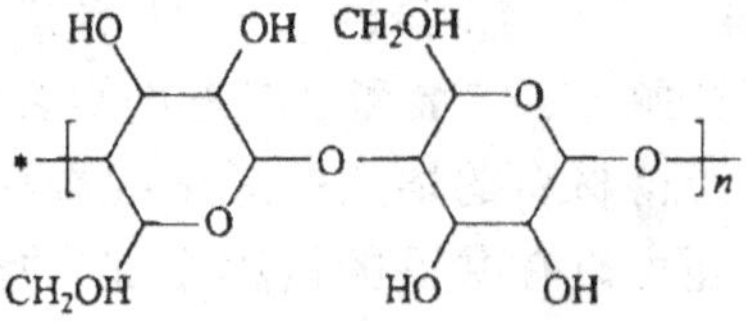

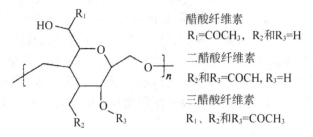

图 1-10　纤维素的结构

（五）玻璃纸

玻璃纸薄膜是纤维素溶解于氢氧化钠和二硫化碳溶液（黄原酸化）得到的，然后在硫酸中重新铸成膜。玻璃纸在堆肥处理六周后发生降解，因其对微生物、气体和气味具有良好的阻隔性而被广泛应用于食品包装。另外它具有良好的耐红外光、耐油和耐热性，并且对微波具有很好的透过性。标签纸不仅可以很容易地粘贴在玻璃纸上，而且玻璃纸也可以进行印刷。

（六）醋酸纤维素

醋酸纤维素在 β -糖自由羟基的位置上含有一个 $COCH_3$ 基，如图 1-11 所示，在反渗透薄膜材料的制备方面应用广泛。

醋酸纤维素
$R_1=COCH_3$，R_2 和 $R_3=H$

二醋酸纤维素
R_2 和 $R_3=COCH$，$R_3=H$

三醋酸纤维素
R_1、R_2 和 $R_3=COCH_3$

图 1-11　醋酸纤维素的结构

（1）Bloceta（Mazzucchelli，意大利）。Bioceta 是一种二醋酸纤维素（由 Rhone Poulenc 开发），它的主原料为棉绒或木浆，改性纤维素通常和颜料、稳定剂、用于催化生物降解的天然增塑剂进行混合。这种产品具有透明性，根据不同要求可采用注射、挤出、吹塑等成型方法。它也可以循环使用或者焚化，主要应用于包装、花盆、牙刷等小器件。通常 Biocellat 主要由同种类型的材料制备得到。

（2）EnvioPiastic（Planet Polymer Technologies，美国）。这种材料是由醋酸纤维素在高温环境下改性得到的，可以提高其生物降解性能，堆肥处理周期比较短，一般为 1～2 年，这种产品可以被注射成型或挤出成膜，常应用于包装材料。

（3）Gelgreen（Daicel Chemicals Industries，日本）。Daicel 公司的多种生物降解聚合物都被称为 Celgreen，P-CA 等级的 Gelgreen 就是由醋酸纤维素制备得到的。

（七）木质素聚合物

木质素是木材的主要组成成分，不溶于水，具有很好的稳定性、耐化学或物理作用等特点。由于生长条件的不同，木质素的成分也有所差别，但主要由三种不同的苯丙烷单元组成，即对羟苯基、愈创木酚基和丁香酚基所组成的一种三维的生物聚合物材料，如图 1-12 所示。这些组成单元通常以脂肪、芳香碳键或酯键的形式连接。在木材中，木质素是和纤维素紧密地结合在一起的一种多糖结构，进而形成半纤维素。这种木质素，尤其是通过廉价过程塑化的木质素，由于其复杂的化学成分和聚合物结构使其难以分离。

对羟苯基　　　　愈创木酚基　　　　丁香酚基

图 1-12　木质素主要亚单元的结构

常用的商业化木质素来自于工业木浆的废液，包括木质素钠和木质素磺酸盐。之前，液化木质纤维素由几种复杂的方法制备，其中一种是在320～400℃下用水溶液或有机溶剂处理的方法，另外一种是在 80～150℃下用酸催化进行溶液处理。目前已经可以用酚类液化木材，并用于生产热塑性材料。磺酸、酢浆草酸或磷酸也可以提高木材的液化程度，它的衍生物是一种可以应用于胶黏剂、模具或纤维的酚醛基树脂。

甘蔗茎是另外一种可以在浓醋酸盐酸溶液中进行处理的原材料。将溶液浓缩之后，木质素沉淀于热水中，最后被丙酮重新溶解。由于化学成分复杂，大部分商业化的木质素聚合物是一种混合物。这种混合物包括木粉、淀粉或木质素。木质素常作为一种填料以提高生物降解聚合物材料的性能，还有部分产品通过添加亚麻或大麻以增强性能。

（1）Aroboform（Tecnaro，德国）。Aroboform 是一种经热处理的木质素、亚麻和大麻的混合物，这种产品可以通过注塑成型，并且具有很好的尺寸稳定性，主要应用于汽车仪表面板、计算机、电视机和 GSM 框架等方面。

（2）Fasal（IFA，澳大利亚）。Fasal 产品是由木材废弃物、玉米淀粉、天然树脂和少量的增塑剂、润滑剂和颜料制备得到的，在不需要干燥的情况下就可以注塑或挤出成型。这类产品外观类似于木材，可以像木材一样进行研磨、涂布或抛光等。

（3）Treeplast。Treeplast 是由欧洲 CRAFT 项目支持开发的产品。

（4）Lignopol（Borregaard Ligno Tech，德国）。Lignopol 是由天然蛋白质、木材、木质素和天然树脂混合而成的一种天然可生物降解的复合材料，外观为片材，可通过注塑或挤出成型。这类产品外观类似于木材且可进行研磨。

（5）Ecoplast（Groen Granulaat，荷兰）。这种材料是由木粉、淀粉和黏合剂组成的，可以进行注塑和热成型，由这种材料制成的产品可在 6 周之内堆肥。

（6）Napac（Napac。瑞士）。Napac 的主要原料为一种产于我国的芦苇和天然黏合剂（淀粉和松树脂），这类原材料和颜料经过混合加工后可以挤出成片材，纤维素的含量通常在 70%～75%，片材还可以热压成型。这类材料在户外具有很好的稳定性和耐紫外辐射性，主要被用作花盆、CD 盒、汽车零部件和非食品包装材料等。

在天然的生物降解聚合物材料领域，人们还常常提及由木质素-苯乙烯或木质素-甲基丙酸甲酯共聚制备得到的材料，其中木质素含量的提高可以提高材料的细菌降解性能。

目前，有些学者还研究了由酶（如过氧化物酶和虫漆酶）改性的木质素材料。其中，虫漆酶改性的木质素材料已经由 Danishi 公司和 Novo Nordiak 公司进行了商业化生产，这也将促进新的木质素材料的商业化进展。

（八）甲壳质和壳多糖

甲壳质是自然界中最常见的一种多糖，广泛存在于昆虫类、真菌类、甲壳类动物和软体动物表皮等的细胞壁中。甲壳质的重复单元化学组成是 (1-4) 2-乙酰胺-2-脱氧-D-葡萄糖（即 N-乙酰氨基葡萄糖），通常由线性的 N-乙酰氨基葡萄糖连接而成（图 1-13）。

很多甲壳质或其衍生物是由蟹壳、虾或真菌发酵的废弃物等经氢氧化钠溶液提取得到的。其溶胀过程涉及天然结晶结构由 α 到 β 的转变过程。经水处理之后，得到的 α 结构由于链段之间的氢键作用，具有很强的耐化学溶剂性，因而 β 结构的甲壳质就成为了制备降解材料的首选原料，例如苯基和羧甲基甲壳质。此外，甲壳质还可以经过乙酰化、磺化、三苯甲基化或乙酰解等处理。壳多糖是甲壳质经过部分或全部去乙酰化生成氨基得到的，如图 1-14 所示。

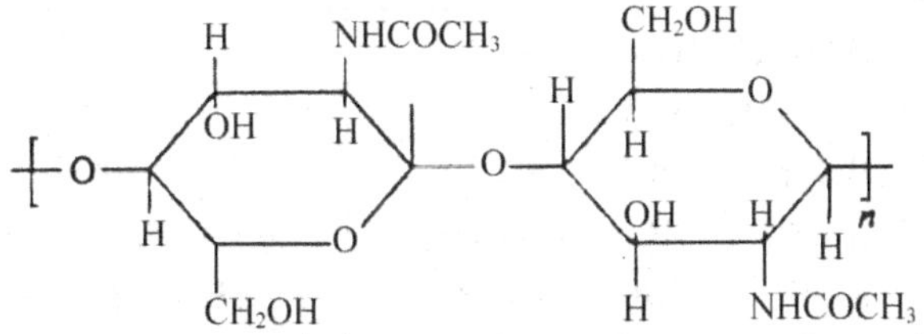

图 1-13　甲壳质的结构

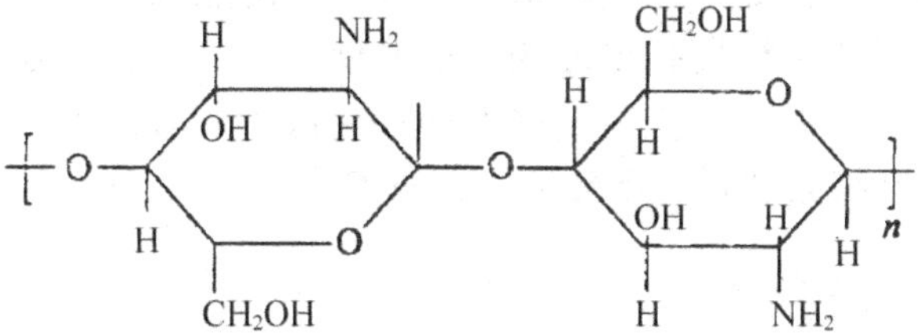

图 1-14　壳多糖的结构

　　壳多糖的性能很大程度上由其相对分子质量和乙酰化程度决定，在水中和部分有机溶剂中具有很好的溶解性。甲壳质和壳多糖的区别就在于它们在弱酸中的溶解性差别，其中壳多糖溶于乙酸，其独特的性能由其多糖结构、较大的相对分子质量和阳离子特征所决定。甲壳质和壳多糖具有生物相容性以及抗血栓和止血作用，这些聚合物材料可以被挤出成膜应用在包装领域，由于具有可食用性而被应用在农业和食品，以及污水处理、服装和化妆品方面。

　　壳多糖还可以应用在生物医药领域，如生物医药器件和药物载体系统等。壳多糖及其衍生物可以制成透气薄膜，这种薄膜非常有利于细胞再生，并可以保护组织免受细菌感染，也正是由于其优异的性能，甲壳质和壳多糖还可以用作人造皮肤和生物降解缝合线。

五、微生物合成聚酯

　　利用特定的细菌可以合成一些聚酯，它们以代谢物的形式存在，同时这也是细菌贮存能量的一种方式。一些细菌可以聚集达到其自身干重 80% 的聚酯，这些聚酯包括聚羟基烷酸酯（PHA）、聚羟基丁酸酯（PHB）、聚羟基丁酸/羟基戊酸酯（PHB/HV）和聚己内酯（PCL），这些聚合物都属于聚酯类。表 1-3 给出了它们的详细结构式。

表1-3　聚酯的分类及详细结构式

聚合物/树脂（公司）	侧基取代基
聚羟基烷酸酯（PHA）	—
聚羟基丁酸酯（PHB）	CH_3
聚羟基戊酸酯（PHV）	$—CH_2—CH_3$
聚羟基丁酸共己酸酯（PHBHx，Kaneda）	$—CH_2—CH_2—CH_3$
聚羟基丁酸共辛酸酯（PHBO，Nodax）	CH_3或/和$—(CH_2)_4—CH_3$
聚羟基丁酸共十八烷酸酯（PHBOd，Nodax）	CH_3或/和$—(CH_2)_{14}—CH_3$

通常，随着脂肪链长度的降低，聚合物的熔点和玻璃化转变温度也有所降低。这类聚酯材料具有很好的柔性并便于加工，另外还具有生物相容性和可再生性。基于这些特性，这类材料在医学领域具有广泛的应用。目前很多公司还在探索其在更多领域中的应用。

（一）　聚羟基烷酸酯

聚羟基烷酸酯（PHA）是在1925年被微生物学家 Maurice Lemoigne 发现的，它可以被各种细菌所合成。低浓度的碳、氮和磷能够促进较高产量聚酯的生成。PHA 具有很多方面的潜在用途，包括生产化妆品盒、可处理器件、医学植入器材、染纸涂料等。而且，PHA 还可以配制为多种树脂材料，范围涵盖弹性体和结晶材料，非常适合于制备共混材料，也可以使用传统的设备进行加工成型。

（二）　聚羟基丁酸酯

聚羟基丁酸酯（PHB）的熔点约为180℃，玻璃化转变温度约为5℃，且具有很高的相对分子质量。通常情况下，PHB 为无定形态，但是在挤出成型过程中可以转变为晶体，所以目前很多研究集中在如何控制其由非晶到结晶的转变过程，进而抑制其力学性能的降低。除了生物降解，PHB 的力学性能与聚丙烯的非常相似，但具有比聚丙烯强的刚性、脆且轻。PHB 具有很好的抗氧化能力，但是对化学物质却非常敏感。与其他生物大分子不同，PHB 不溶于水且具有很好的耐水解能力。

（三）　Biomer（Biomer，德国）

这类聚羟基丁酸酯由 Alcallgenes Latus 生产，其片材主要用于传统塑料的改性工艺过程。这类材料具有较低的黏度，使其熔融体能够被注射成膜状物体，且其产品具有较高的硬度并可在-30～120℃下使用，可堆肥周期大约为2个月。

（四）Nodax（Kaneka，日本）

最初，Nodax是Procer&Gamble公司的一个产品，这种树脂在本质上是酯类化合物的一种衍生体。该公司同时还生产PHA产品，利用基因改性植物还可生产PHB。这些植物包括水田芥、菜子等，玉米和烟草也可以利用，但是其产量很低，通常是蔬菜类植物产量的百分之几。

（五）PHB/V/A的共聚物或共混物

由聚羟基丁酸酯与聚羟基丁酸酯-羟基戊酸酯共聚物混合制备的共混物具有比其任一组分更优越的生物降解性能，这种现象在其他种类的生物降解塑料中也很常见。同样的现象在聚羟基丁酸酯和聚乙二醇共混物中也得以体现，主要原因是聚乙二醇具有很好的亲水性能。

（六）Biopol（Metabolix，美国）

这类塑料首先由ICI公司研发生产，随后被Zeneca和Monsanto公司收购，最后又成为Metabolix公司的产品，该产品主要是羟基丁酸和羟基戊酸的共聚物。这类热塑性塑料可被挤出或吹塑成纤维或膜状产品。目前很多公司正致力于研究这类材料的发泡、层压和热成型工艺。由于其具有很好的抗静电性能，因此能够用作电器类的包装材料，尽管具有很高的结晶性能，但是对水解很敏感。同时，很多公司也在研究其在医药领域内的应用。

（七）Metabolix PHA（Metabolix，美国）

这类产品是PHA、PHB和PHO的混合物，其中PHO是一种弹性体。Metabolix通过转录基因到译码Escherichia coli K12来生产食品添加剂，这些细胞可以在24h内生产PHA，并且其积聚聚合物的重量可达到其自干重的90%。

六、生物衍生物单体合成聚酯

聚乳酸或聚交酯（PLH）都是可生物降解的脂肪聚酯，它们的不同之处在于有乳酸单体合成聚合物的方法选择。这类材料的研究始于1930年Carothers

的工作,但在他们的研究中,聚合物的相对分子质量和力学能都很低。

1954 年,DuPont 公司开发了高分子质量的 PLA,并于 1972 年利用该聚合物开发了可再吸收的医用缝合线。PLA 主要由生物发酵制备的乳酸经酯化反应得到,微生物体可以是 Lactobacilli、Peddiococci 和细菌等。如今,聚乳酸的生产成本大大降低,很大程度上是由于细菌的产量得到了很大提高。以乳酸为原料,可以通过两种途径合成聚乳酸。第一种途径由 Mitsui Toatsu 开发,首先将乳酸水溶液进行纯化和浓缩,然后在催化剂和较高温度的作用下进行直接的缩合和环化反应,缩合的小分子产物被蒸馏除去,这种情况下生产的聚乳酸具有很高但分布较宽的相对分子质量;第二种途径是直接法,首先将两分子的乳酸进行环化形成二聚体的交酯,交酯二聚体可以继续聚合成聚交酯。

二聚体的合成是最为关键也是费用最高的一步。Cargill Dow 公司利用第一种途径合成低相对分子质量的 PLA,然后再将 PLA 解聚转化为交酯,并继续合成高分子质量分布均一的 PLA。尽管不同厂家生产的 PLA 的性能有所差别,但 PLA 共同的特性就是耐油性、耐湿气和耐溶剂等。PLA 在 3 ~ 4 个月内还具有可堆肥性,一些树脂具有很好的光亮性和透明性,但是却很脆。

PLA 可以通过挤出、热成型、注射、吹塑、喷丝或拉丝等方法成型,所制备的材料具有可印刷性和很好的密封性,主要应用于食品包装方面(如膜、食品袋和饮料袋等),还可以应用于无纺卫生用品。由于具有生物相容性和可再吸收性等优点,PLA 还可以用作医用缝合线、夹子、矫形固定支架和可再吸收性植入器官。下面对一些主要的产品进行介绍。

(1) Lacea(Mitsui Toatsu Chemical,日本)。该产品可以通过注射、模塑成膜、吹模、热成型、挤出和喷丝等加工方法制成不同形式的产品。

(2) Eco-Pla-Nature Works(Cargill Dow Polymers,美国)。该类产品主要通过压膜、热成型和挤出的方法成型制成的,被用于包装或纸张喷涂方面,降解周期大约为 4 ~ 6 个星期。Cargill 公司还开发了用于衣服、卫生用品和地毯的纤维状产品,年产量约为 140000t,Cargill Dow LLC 是世界上 PLA 树脂最大的生产厂商。由于 Cargill Dow LLC 和 Mitsui Chemicals 两个公司所生产的 PLA 产品具有类似的性能和用途,因此这两个商业巨头目前具有进行合作研发和商业运作的意向。

(3) Lacty(Shimadzu Corporation,日本)。Lacty 公司主要生产挤出成型的膜状和纤维状的 PLA 产品。

(4) Lactron(Kanebo Goshen,日本)。Lactron 是一种纤维产品,主要

用作农业用网和渔用器材，还可以作为无纺材料应用于卫生产品和医用材料。

（5）Solanyl(Rodenberg Biopolymers，荷兰)。这类产品2003年的产量约为8000t，到2005年已经达到40000t，其主要原材料为土豆。这类树脂主要通过注射成型，产品可以加工成薄膜，并可以用作可释放肥料的包装材料。

（6）Galactic（比利时）。该类产品主要被加工成薄膜和纤维状的片材，属于一种新型的应用材料。

第五节　源于石油化工原料制备的生物降解聚合物

生物降解聚合物可分为四个亚类：脂肪聚酯、芳香聚酯、聚乙烯醇和改性聚烯烃。聚酯代表了一大类聚合物，在其聚合物链上含有可水解的酯键（图1-15）。聚酯可以根据其聚合物主链上的组成进行分类，包括脂肪聚酯和芳香聚酯，见表1-4。脂肪聚酯包括天然聚合物PHA、PHB、PHV和PHH等，以及来源于石油化工原料的聚合物PBS、PBSA和PCL等，或者来源于以上两种方式的PLA和PGA。芳香聚酯包括PET和PBT（PBST、PBAT和PTMAT），这些聚合物还可以进行继续分类讨论。

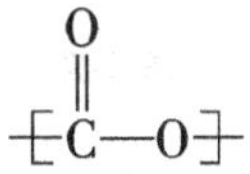

图1-15　酯键的结构

表1-4　生物降解聚酯的分类

类　别	聚合物类型	聚合物衍生物	原料	产品
脂肪聚酯	聚羟基烷酸酯（PHA）	聚羟基丁酸酯（PHB）	天然	天然
		聚羟基戊酸醋（PHV）	天然	天然
		聚羟基己酸醋（PHH）	天然	天然
	聚乙二醇酸（PGA）		天然/合成	合成
	聚乳酸（PLA）		天然/合成	合成
	聚丁二酸丁二酯（PBS）	聚丁二酸/己二酸丁二醇酯（PBSA）	石油化工	合成
	聚己内酯（PCL）		石油化工	合成

续表

类　别	聚合物类型	聚合物衍生物	原料	产品
芳香聚酯	聚对苯二甲酸丁二酯（PBT）	聚己二酸/对苯二甲酸丁二醇酯（PBAT）	石油化工	合成
		聚丁二酸/对苯二甲酸丁二醇酯（PBST）	石油化工	合成
		聚己二酸/对苯二甲酸丁四醇酯（PTMAT）	石油化工	合成

一、聚乙烯醇

聚乙烯醇的结构如图 1-16 所示。

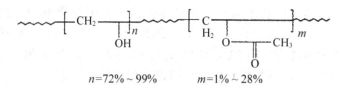

$n=72\%\sim99\%$　　　　$m=1\%\sim28\%$

图 1-16　聚乙烯醇的结构

将醋酸乙烯酯进行聚合得到 PVAC，然后将 PVAC 水解得到 PVA，即 PVA Erkol。聚合度的高低决定 PVA 的相对分子质量大小和黏度高低，水解的程度也代表了由 PVAC 到 PVA 的转变程度。部分水解得到的 PVA 的玻璃化温度为 58℃，熔融温度为 180℃；完全水解得到的 PVA 的玻璃化温度为 85℃，熔融温度为 230℃。PVA 可以应用在纸张、服装、胶黏剂、涂料、医疗、建筑和陶瓷等方面。

二、改性聚烯烃

聚烯烃（如聚丙烯和聚乙烯）具有很强的耐水解能力，因而是一种完全不能降解的材料，但是可以通过添加一些助剂，使其通过氧化自由基的机理降解其聚合物链，且热和光都能够引发这种机理。这些助剂里所含的过渡金属能够将聚合物转变为低相对分子质量的酸或醇，微生物体（病菌、细菌）以及酶可以将残片转化为生物体的能量或二氧化碳。常用的光敏剂包括二酮、二茂铁及其衍生物和含羰基的化合物。下面对一些商业化的产品由 EPI 环保技术得到的 TDPA（完全可降解性塑料助剂）和 DCP（可降解和可堆肥处理的塑料）进行介绍。

TDPA 是一种可将聚烯烃降解为低相对分子质量化合物的助剂，能够使材料变脆、碎裂以至于最终被微生物所消化。TDPA 可以控制塑料的降解速率，从几周到几个月甚至几年，但材料所需要的费用也不同。DCP 作为聚乙烯的助剂，使其能够作为可处理袋子或垃圾箱的衬里。与以往的淀粉改性聚乙烯降解膜材料相比，这些助剂改性的聚烯烃材料有了很大的进步。淀粉改性的聚烯烃材料的物理、力学性能都要比 DCP 改性的材料差，且后者还具有类似于聚乙烯的力学性能。这些商业化的产品如 Envirocare，可以应用在农业方面。此外，还有商业化的 PVA Addiflex，由 Add-X Biotech AB 生产。

三、脂肪聚酯

脂肪聚酯通常对水解非常敏感，且易于生物降解。它们是通过脂肪二元醇和脂肪二元酸缩合制备得到的。脂肪聚酯中的许多聚羟基酸酯（如 PGA、PLA 及其共聚物）已经被应用到医学方面，包括缝合线、矫形支架和细胞迁移模板等。

（一）商业化脂肪聚酯

聚醇酸酯（PGA）的结构如图 1-17 所示。

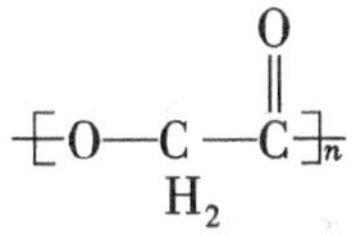

$$\left[\!\!\begin{array}{c} O \\ \| \\ O{-}C{-}C \\ H_2 \end{array}\!\!\right]_n$$

图 1-17 聚醇酸酯的结构

PGA 是由乙醇酸的二聚体开环聚合制备得到的，是一种刚硬的热塑性材料，具有很高的结晶度（46%~50%），玻璃化转变温度为 36℃，熔融温度为 225℃。PGA 在多数溶剂中不溶解，但是对水解却很敏感，可以通过挤出、注射和压膜成型等方法加工。PGA 作为一种备受欢迎的生物医用材料主要是由于其降解产物（乙醇酸）是一种天然代谢产物。

聚乳酸（PLA）（如图 1-18 所示）是由乳酸的二聚体——交酯开环聚合制备得到的，尽管发现乳酸可以由天然资源得到，但是目前大部分还是由石油化工原料制备。PLA 通常以三种异构体形式存在，即 d（-）、l（+）和（d, l）。Poly（l）LA 和 Poly（d）LA 是半结晶固体，具有和 PGA 相似的生物降解速率，PLA 的亲水性和耐水解能力要比 PGA 强。由于乳酸的

(1) 异构体能在体内有很好的代谢作用，因此备受欢迎。

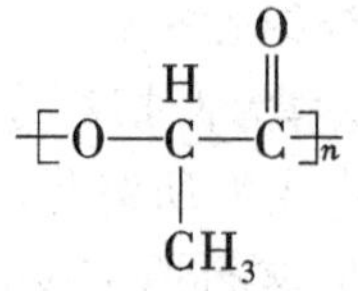

$$\left[\!\!\begin{array}{c} \\ O-C-C \\ \\ CH_3 \end{array}\!\!\right]_n$$

图 1-18 聚乳酸的结构

（二） PGA 和 PLA 的共聚物

PL(1)LA，PLGA 共聚物和 PGA 已经得到 FDA 的认证，并可用于人体临床试验。例如，Vicryl（Ethicon Inc）由 8% 的 (1) LA 和 92% 的 GA 组成，(d，l-LA/GA) 的共聚物主要被用于药物的控制释放。它是一种半晶聚合物，玻璃化转变温度为-60℃，熔融温度为 59～64℃，PCL 的降解速率要低于 PLA，主要用作长效、可移植药物释放体的基质。PCL 是通过己内酯开环聚合制备得到的，主要通过控制辛酸亚锡等催化剂和低相对分子质量的醇类引发剂来控制聚合物的相对分子质量。

（三） 商业化 PCL 产品

CAPA（Solvay）生产了多个品牌的 PCL 产品，CAPA 650 可以通过挤出和注射成型方法加工，CAPA 680 可以通过吹塑成型方法加工，这两种聚合物的熔融温度为 60～62℃，玻璃化转变温度约为-60℃。

（四） 聚丁二酸丁二酯(PBS)和聚丁二酸-己二酸丁二酯(PBSA)

PBS 具有和 PET 相似的性能，其结晶度为 35%～45%，玻璃化转变温度为-32℃，熔融温度为 114～115℃。通常将 PBS 和其他组分进行共混，例如淀粉和己二酸，后者可以形成 PBSA 的共聚物。PBSA 的结晶度为 20%～35%，玻璃化转变温度为-45℃，熔融温度为 93～95 ℃，其性能与低密度聚乙烯相似。

这些聚合物可用吹塑、挤出和注塑等传统熔体加工工艺进行制造，主要用作覆膜、包装膜、包装袋和卫生用品。Biondle's(Showa Denko)是一类由二元醇和二元酸缩合制备的脂肪聚酯聚合物（图 1-19），包括两个系列：1000系列是由丁二醇和琥珀酸制备得到的 PBS；3000 系列是由丁二醇和琥珀酸、己二酸混合物缩合制备的 PBSA 共聚物，PBSA 通常为线性或支化结构。

$$H-O-(CH_2)_4-O-(CO-(CH_2)_m-CO-)-$$

图 1-19 PBS （聚丁二酸丁二醇酯） 的结构

（五）改性脂肪聚酯

聚酯酰胺（PEA）由丁二醇和己二酸、己内酰胺缩合得到（图1-20），可以根据聚氨酯基团对其进行分类。

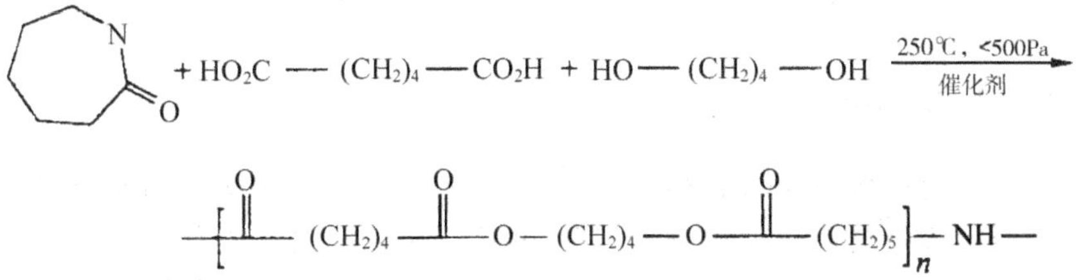

图1-20 聚酯酰胺的结构

（六）BAK 1095

该类聚合物由己内酰胺、己二酸和丁二醇缩合得到，其性能取决于加工过程，并且易于发生降解。

四、芳香聚酯

芳香聚酯是由脂肪二元醇和芳香二元酸缩合得到，芳香环的存在使聚合物具有很好的耐水解和耐溶剂特性。也正是由于其难于水解，因而这类聚合物不具备生物降解性能。例如，聚对苯二甲酸乙二酯（PET）和聚对苯二甲酸丁二酯（PBT）就是由对苯二甲酸和脂肪二元醇缩合得到的聚酯，但是可以通过添加一些对水解敏感的单体（如醚键、氨基或脂肪基团等）使聚合物具有很好的生物降解性能。

（一）聚对苯二甲酸-琥珀酸丁二酯（PBST）：丁二醇+琥珀酸和对苯二甲酸

Biomax（DuPont）是由聚对苯二甲酸乙二酯（PET）和不同的脂肪单体（如二甲基戊二酸和乙二醇）聚合得到的一种聚酯，这些单体通过聚合可以提供一个对水解敏感的链接。Biomax可以通过传统的加工设备进行热成型、吹塑或注塑成型。主要应用于家用管道、垃圾袋、可处理尿布的组分、可处理餐具、农用地膜和工厂的罐装设备等，Biomax的性能可以满足各种用户的使用需求。其熔融温度在200℃左右，力学性能最低可以达到LDPE的水平，最高可以达到芳香聚酯膜的水平。聚对苯二甲酸-己二酸丁二酯（PBAT）由丁二醇和己二酸、对苯二甲酸反应得到（图1-21）。

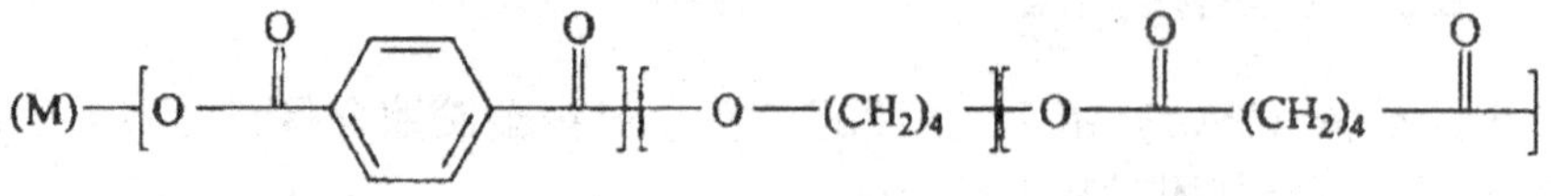

图 1-21 聚对苯二甲酸-己二酸丁二酯的结构

（二）Ecoflex

Ecoflex 是一种和 LDPE 相似的热塑性材料，具有优良的力学性能，可以通过挤出成型制成具有高撕裂强度和韧性的包装膜。该种材料具有耐水性，同时由于其具有适中的水渗透作用使得其适合做透气薄膜。Ecoflex 的玻璃化转变温度为-30℃，熔点为 110～115℃。聚对苯二甲酸-己二酸丁二酯（PTMAT）由对苯二甲酸、己二酸和丁二醇缩合得到。

（三）Eastar Bio

Eastar Bio 可由吹塑成膜，也可挤出成膜、纤维或无纺材料，可以由传统的聚乙烯加工设备进行成型。一般的 Ecostar Bio 树脂的玻璃化转变温度为-30℃，熔融温度为 108℃。Eastar Bio Utra 共聚物由于具有很高的黏度，使得其适合吹膜成型，其玻璃化温度为-33℃。熔融温度为 102～115℃。

第六节　生物降解材料的现状

大量的塑料生产及使用，导致废弃塑料量的逐年递增。以日本为例，每年废弃塑料量达 622 万吨，其中回收再利用约 77 万吨，因此每年有 545 万吨排出。目前已成共识的对策是 3R 对策，首先，减少使用或停止不必要的使用，其次，共同用途情况下，再使用或者回到原始物质再生产再使用，最后作为燃料回收能源，这也称为另一种的再利用例子。尤其在一些发达国家矛盾更为突出。我国也不例外，下面介绍一些对策与措施。

一、欧洲

在欧洲，生物降解塑料的研究开发也在蓬勃发展，欧共体 Brite-Euram 计划投资 40～200 万美元赞助有关大学和私营公司的联合体，对生物降解塑料进行跨国的联合研究和开发。在欧共体尤里卡（Eurek）和其他研究项目下，6 家欧洲公司和 6 所大学正在研究 3 个独立的适应保护环境的聚合物，此外还开始研究设计 3 种生物降解塑料，其中欧共体提供 350 万英磅研究基金，由 ICI 公司生物制造部的种子部、HUII 大学、比利时 Ghent 大学和 Gotting 大学等研究将微生物制造的 P（HBV）聚酯基因引入农作物，设想由植物直接制取生物降解塑料。

二、中国

20 世纪 90 年代以来，我国降解塑料研究和生产蓬勃发展，据不完全统计，从事科研、开发和生产的单位达到 60 多家，已建成生产线超过 60 条，其中约 10 条从国外引进。但是，除少数是生产光降解塑料外，大部分是生产填充型淀粉塑料，其制品的淀粉含量仅为 10%～30%，因而推上市场的塑料产品组成大部分是 PE、PVC、PP 等，虽然产品可裂成碎片，但在几百年内难以分解。

目前，我国在完全降解塑料的研究和生产方面与国外还有相当差距，主要进行的是淀粉填充型的生物降解塑料和添加型的光降解塑料。可完全降解的聚合型光降解塑料我国还无生产的报道，聚合型生物降解塑料也仅进行了实验室试验。

至于全淀粉塑料，有些单位如浙江大学、天津大学和华南理工大学等对淀粉的改性和塑性化做了一些工作，但均未进入全淀粉塑料产品开发阶段。江西省科学院应用化学研究所多年来在国家自然科学基金的支持下用 4 种不同工艺对淀粉进行了无序化，然后制造热塑性淀粉塑料并加工成薄片和薄膜，其力学性能如下：薄膜密度 1.15g/mL，薄膜厚度 0.4mm，光泽度 80%，拉伸强度 7～10MPa，断裂伸长率 180%～260%，撕裂强度 33N/mm。就其外观和性能而言，用于一次性塑料制品如快餐饭盒、购物袋和垃圾袋等是可能的，其成本也比国外低廉得多，正在进一步改善其有关应用性能和降低成本。

第七节　降解高分子开发与设计

世界各国都在大力开发降解塑料，总体可分为生物降解型和光降解型两种，生物降解型可分为掺混型和结构型。掺混型是属早期的研究开发产品，技术含量较低，当然分解一般不太完全，由于其成本低，目前在许多场合还广泛应用。结构型是近年来发展较快的品种，与光降解塑料一起代表着降解塑料的发展方向。

一、生物降解型

降解塑料按组成与结构分为掺混和结构型两大类，所谓掺混型是指在普通塑料中加入可降解的物质或可促进降解的物质制得的降解塑料；而结构型则是指本身具有降解结构的塑料。

二、光分解型

(一) 引入光敏基团

目前国外工业化的降解高分子材料还是以光降解为主，约占 70% 以上。其主要原理是在聚合物链上直接引入光敏基团制得结构型光解塑料。目前开发的这类光解塑料主要是含酮基结构及含不饱和键的聚合物，如乙烯——氧化碳共聚物、乙烯-乙烯基甲酮共聚物、氯乙烯——氧化碳共聚物等。这类聚合物的光降解基本上遵循 Norrish 反应方程式。

Norrish Ⅰ 反应

$$R_1-\overset{\overset{\displaystyle O}{\|}}{C}-CH_2-CH_2-R_2 \xrightarrow{h\nu} R_1\cdot + \cdot CH_2-CH_2-R_2 + CO$$

Norrish Ⅱ 反应

$$R_1-\overset{\overset{\displaystyle O}{\|}}{C}-CH_2-CH_2-R_2 \xrightarrow{h\nu} \left[R_1-C \overset{\displaystyle CH_2-CH_2}{\underset{\displaystyle O\cdots\cdots H}{\diagup}} \overset{\displaystyle}{\underset{\displaystyle}{CH-R_2}} \right]$$

$$\longrightarrow R_1-\overset{\overset{\displaystyle O}{\|}}{C}-CH_3 + CH_2=CH-R_2$$

(二) 添加光敏剂

将具有光增敏作用的助剂添加到高聚物中即可制备出光降解高分子材料。具有光增敏作用的助剂较多，目前应用的有以下几种：过滤金属络合物、二茂铁、羧酸铁乙烯-CO 共聚物（ECO）、甲基乙烯基酮等酮类化合物、苯乙烯-苯基乙烯基酮共聚物等。

第二章　淀粉基聚合物材料及应用

　　淀粉是植物经光合作用而形成的碳水化合物，作为植物储存能量的形式之一，其产量仅次于纤维素，被认为是"取之不尽、用之不竭"的纯天然可再生资源。虽然人类一直都以淀粉为食物来源，但是因其来源广泛、易得、价格低廉，对于它在非食用领域的应用也从未停止过探索。尤其是进入新世纪以来，随着人口的剧增和石油资源的紧缺，人类同时面临着资源和环境的双重压力，因此对淀粉，特别是非粮淀粉的非食用领域的开发和利用的需求也日益紧迫。由于淀粉本身性质的限制，必须对其进行物理或化学改性才使其可能作为材料使用。虽然早在20世纪30年代人们就已经开始了改性淀粉的研究，并且许多产品都已经在各个领域中得到了实际的应用，但是随着现代科学技术的发展以及人们对环境及资源保护的迫切需求，使得利用新技术和新工艺制备改性淀粉材料的研究越来越受到国内外学者的广泛关注。

第一节　淀粉基生物降解材料的发展背景

　　塑料是人们日常生活中最常见的物质，已经被广泛应用于各种行业，塑料在世界上各类物质的总和中位居首位，由于这类白色污染物在自然状态下很难被降解，因此给人类和环境带来了巨大的挑战与威胁。20世纪70年代，世界环保组织希望各国能够研究出可被降解的新型材料，减少塑料制品带来的环境污染，提高人类生活环境质量，改善生存环境。针对生物降解塑料这个新名词，英国科学家Griffin提出在惰性聚合物中加入廉价的可生物降解的天然淀粉作为填充剂的观点，并发表了第一个淀粉填充聚乙烯塑料的专利，由此引起了淀粉基生物降解塑料研究与开发的热潮。

　　20世纪80年代发展降解塑料呼声最高的是美国，有11个州颁布了相关法规。美国发展淀粉塑料不仅是为了解决塑料严重污染问题，而且也希望能减少对进口石油的依赖和节省石油，开辟淀粉的应用途径。聚合物工业的蓬勃发展导致了环境污染的加剧，引起了人们对聚合物废料处理问题的关注。美国、欧盟和日本年产塑料垃圾分别为1300万吨、450万吨和

6.5 万吨。塑料垃圾造成的环境污染已成为全球性的问题，日益增长的塑料垃圾山越来越被人们看作是对生态系统的威胁。

另外，石油资源越来越少，据报道，全世界石油只能用 40 年。因而寻找新的对环境友好的塑料原料，发展新的非石油基聚合物迫在眉睫。20 世纪 70 年代以来，欧美和日本等国科学家提出了降解塑料的概念；而从 80 年代以来，可降解塑料的研究风靡全球，科学家和环保工作者以为找到了一条解决塑料污染的途径；1992 年联合国环境和发展大会在巴西召开，各国首脑都参加了这一盛会，这标志着人类已认识到环境保护是关系到人类生死存亡的重大问题，而工业发达国家的塑料废弃物已成为全球的公害。

随着环境问题的加重，一些发达国家已经开始生产可以降解的聚合物材料，通过实用新型材料，可以有效降低环境污染，减少污染带来的一系列问题。例如，意大利的 Mater Bi 和美国的 Novon，这两种可降解材料已经开始大量使用。通过特有的工艺挤出、吹塑、流延等快速成型，但因这两种材料的造价较高，并且亲水性较强，所以在后期的推广中并没有实现大批量生产。关于降解材料的定义有过很多的争论，经过长期的研究和讨论，人们形成了一致的观点，可降解材料在土壤中能够自主地进行分解，并其产物对环境没有任何危害和污染，如水和二氧化碳等。随着科学技术的发展，化工产业中出现了热塑性全淀粉塑料，其原料基本以淀粉为主，这种塑料在短时间内可以完全降解，并且不会对环境造成危害。热塑性全淀粉塑料中有时也会添加一些增塑剂，这样可以提高材料的塑性。

现代工业生产中，环境友好型材料已经成为人们关注的焦点，要大力发展绿色材料，改变传统工业生产模式，加快技术转型速度，减少工业产生的环境污染，改善人们的生活环境。

第二节　淀粉生物降解塑料的原料及降解机理

淀粉塑料是生物降解塑料的一种，也是目前生物降解塑料发展较快、产量较大的一种，其之所以发展快是因为原料十分丰富，取之不尽，可再生。世界上仅玉米淀粉就历年来大量压库，为了使廉价的农产品原料增值及消化每年大量积压的淀粉，美国玉米种植者协会就积极支持淀粉塑料的研究和生产；其次，不管采取何种工艺生产生物降解塑料，只要有淀粉在这类塑料中占有一定比例，淀粉塑料的生产成本总可能是较低的，因为相对于石油化工树脂而言，淀粉总是便宜的，随着淀粉含量的增高，成本更可能降低；再次，淀粉是肯定可以完全生物降解的，只要加入的其他原料是可生物降解的，则生产出来的产品肯定是可以生物降解的；最后，这类塑料的生产工艺简便，其中填充型淀粉塑料的生产完全不需要改变或添加原塑料加工厂的任何设备，生产工艺也几乎一样。

鉴于淀粉不具有热塑性、流动性，不能熔融成型，其薄膜强度又极低，因而给淀粉塑料的应用带来困难。科学家们应用改性淀粉或淀粉接枝共聚物，如用淀粉和乙烯-丙烯酸共聚物（EAA）、淀粉接枝-聚苯乙烯和淀粉接枝-甲酸丙烯酸甲酯等。

变性淀粉是天然原淀粉经过化学、物理或酶法处理，改变了性质，使更适用于多种特殊用途的淀粉或淀粉衍生物。淀粉改性处理方法很多，因而改性淀粉的种类也很多，常见的品种有预糊化淀粉、酸改性淀粉、氧化淀粉、糊精、交联淀粉、淀粉酯、淀粉醚、阳离子淀粉、阴离子淀粉、两性淀粉、双醛淀粉和淀粉接枝共聚物等。淀粉经改性处理后性质的改变程度取决于原淀粉的品种、预处理方法、直链淀粉与支链淀粉含量比、淀粉相对分子质量分布、改性反应类型、取代基种类和取代度、原淀粉中其他成分（蛋白质、脂肪、含磷化合物等）等因素。淀粉还可以先后接受多次改性处理，以达到改性的预期要求。根据已发表的专利和资料，除阳离子淀粉、阴离子淀粉、两性淀粉和双醛淀粉未见采用外，其他品种都曾用作淀粉塑料的主要成分。

淀粉基聚合物的降解可分为两个过程：淀粉被真菌、细菌等微生物侵袭，逐渐消失，在聚合物中形成多孔破坏结构，机械强度下降，增大了聚合物的表面积，从而有利于进一步自然分解；淀粉降解触发促氧化剂和自氧化剂的作用，能切断高分子长链，使高分子的相对分子质量变小，直到聚合物的相对分子质量小到可被微生物代谢的程度，最后生成水和二氧化碳等小分子化合物，进入大自然的循环。并且这两个过程是相辅相成的，二者之间是相互促进的作用。

第三节　淀粉基生物降解材料的制备

一、物理共混

（一）淀粉与聚烯烃的共混

淀粉资源丰富，价格低廉，是合成高分子材料生物降解改性的理想添加剂。淀粉的结构与聚烯烃差异很大，淀粉是亲水性高分子，不具有一级聚合物的加工性能和力学性能，必须与其他聚合物或单体一起改性。而聚烯烃为疏水性，两者相容性较差，必须经过物理或化学改性的方法才能制得相容性较好的淀粉-聚烯烃降解材料。

不管属于哪一类的淀粉塑料，生产时首先要将淀粉糊化或改性，因此反应锅系统是必不可少的。当然，后来也有人不将淀粉和聚乙烯等塑料树脂及助剂挤入挤出机内加工，或先在混炼机上混炼，但如果想得到性能较好的淀粉塑料，还是需要将淀粉进行预处理。

（二）热塑性淀粉

热塑性淀粉是一种将淀粉进行直接热加工而制备的材料。在加工过程中，为了破坏淀粉分子间的氢键相互作用及提高其加工性能，通常需要用小分子增塑剂对其进行增塑改性。一般而言，所有的极性小分子均可作为淀粉的增塑剂，但实际上常用的增塑剂为含羟基或氨基的化合物。常用的塑料加工方法均可用于淀粉塑料制品的成型加工和生产，如挤出成型、注塑成型、模压成型和吹膜成型等。淀粉的种类、加工参数和产品的最终状态均会对其力学性能和热性能等造成影响。

（三）淀粉与蛋白质的共混

食品在加工、运输和储存过程中如何保证其质量一直是备受关注的问题，为了保证食品安全，多种技术应运而生，其中对食品进行封装是保护其风味和微量营养物最有效的方法之一。食物蛋白是目前用于制备包装材料最重要的原料之一，因为蛋白存在网络结构可以为食品包装提供足够的机械强度，并且在加工成型过程中其力学性能可得到有效保持。此外，在包装材料的制备过程中还可对亲水性的活性分子进行负载，并通过蛋白材料控制其释放行为。蛋白膜通常在环境湿度较低时表现出良好的油脂、氧气和气味阻隔性能，但过强的亲水性会导致材料在吸潮后对水蒸气的阻隔性能降低。借助蛋白与淀粉间的分子相互作用和协同增效作用，可以在一定程度上解决淀粉材料存在的问题。

（四）淀粉与脂肪族聚酯共混

脂肪族聚酯是目前发展最快的一类可完全生物降解材料，一般是通过化学合成或微生物合成方法制备。由于主链中含有易水解的酯键使其具有良好的生物可降解性，在生物医学领域被广泛用作手术缝合线、骨科材料以及药物释放载体等。将其对淀粉进行共混改性，可以有效提高淀粉基材料的耐水性和力学性能，进一步扩大其应用范围。

二、化学变性

（一）氧化改性

氧化淀粉是淀粉在酸、碱和中性条件下与氧化剂反应所得的淀粉衍生物。淀粉分子结构中位于葡萄糖环 C_1、C_4 位的环间苷键发生断裂（开环），从而在 C_1 位上形成一个醛基。此外，其葡萄糖环结构中 C_2、C_3、C_6 位上的伯、仲羟基也容易被氧化成羰基和羧基，同时伴随着淀粉的部分解聚。不同的氧化工艺、氧化剂以及不同种类的原淀粉可以制成性能各异的氧化淀粉。

氧化程度的高低受到反应体系的 pH 值、温度、氧化剂的浓度、淀粉的分子结构、淀粉的来源等因素的影响。研究发现，马铃薯淀粉由于具有较为松散的 B 型结晶结构，与具有 A 型结晶结构的玉米及稻米淀粉相比更容易被氧化。此外，直链淀粉含量低的蜡质玉米淀粉等氧化后羰基含量高，也就是说支链淀粉比直链淀粉更容易被氧化。

由于不同氧化剂使淀粉发生氧化的机理不同，下面我们将按照氧化剂的种类对淀粉的氧化反应进行介绍。

（1）次氯酸钠氧化淀粉。用次氯酸盐制备氧化淀粉是工业上最常用的一种方法，其氧化机理已被广泛研究。通常认为，氧化主要发生在葡萄糖环 C_2 和 C_3 位上的仲羟基，生成羰基、羧基，环形结构开裂。先氧化生成羰基，再氧化生成羧基，因此可以用氧化淀粉中羰基和羧基的含量来表示氧化程度。以次氯酸钠制备的氧化淀粉，其氧化度一般低于 5%，通常还伴随着淀粉链段的解聚，从而降低了改性淀粉的分子量。氧化淀粉的结晶性能在反应中遭到破坏，结晶度下降甚至成为完全无定形大分子。

与制备其他淀粉衍生物类似，采用干法也可以制备氧化淀粉。在未加入碱的情况下，以次氯酸钠作为氧化剂，用双螺杆挤出机可以制备具有水溶性的氧化淀粉。其中，使用较高的螺杆转速、中等的加工温度以及较低水分含量有利于获得具有较高氧化度的淀粉。通过控制反应挤出的条件，可以制备高水溶性的氧化淀粉。

（2）过氧化氢氧化淀粉。过氧化氢是一种强氧化剂，在碱性条件下可以生成活性氧，使淀粉的糖苷键发生断裂氧化，从而在淀粉结构中引入羰基和羧基。由于氧化反应完成后，过氧化氢被还原成水，无任何污染，因此越来越受到人们的重视。在酸性条件下，使用过氧化氢作为氧化剂，只能得到氧化程度较低的氧化淀粉。比如，在 pH 值为 4～5 下用 0.5% 的过氧化氢制备氧化淀粉时，仅能得到羰基含量为 1.2% 的氧化淀粉。此外，体系的 pH 值对氧化淀粉中羰基或羧基含量有较大的影响。在 pH 值大于 9.0 的反应体系中，制备的氧化淀粉以含醛、酮的羰基为主，氧化度可以达到 2.8%；在 pH 值小于 4.0 反应体系中，得到的氧化淀粉以含羧酸为主，氧化度则不高于 1.6%；pH 值在 4.0～9.0 范围内制备的氧化物则是既含有醛、酮，也含有羧酸，所获得的氧化淀粉的氧化度最低，只有 0.86% 左右。

对淀粉进行糊化预处理以后，再进行氧化时可以提高淀粉的氧化效率，利用这个性质，可以方便地在挤出机中完成淀粉的氧化反应。比如，在双螺杆挤出机中将过氧化氢与淀粉进行反应挤出可以明显提高淀粉的氧化效率。此外，在挤出过程中还可以加入含铁和铜离子的化合物作催化剂，进一步快速连续地制备出氧化淀粉。

（3）高碘酸氧化淀粉。高碘酸及其钠盐氧化淀粉具有高度的专一性，它只氧化 C_2 和 C_3 上的羟基生成醛基，$C_2 \sim C_3$ 键断裂得到双醛淀粉，反应如图 2-1 所示。

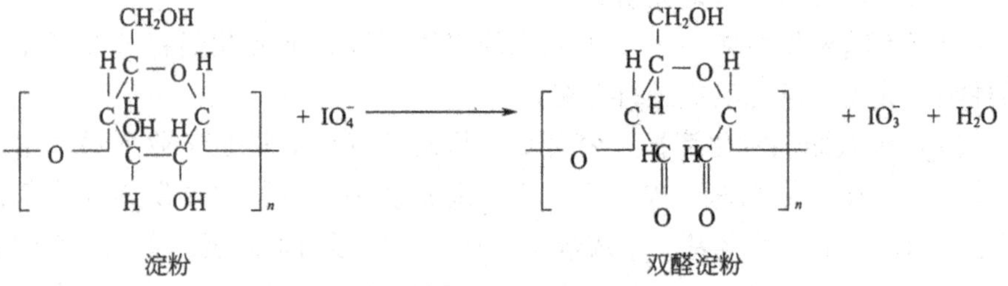

图 2-1　以高碘酸制备双醛淀粉反应

双醛淀粉的醛基很少以游离醛的形式存在，其主要结构是与 C_6 伯醇羟基化合物形成半缩醛，或者 C_2 和 C_3 上的醛基自己形成半缩醛结构（结构式如图 2-2 所示），以及与水分子结合成水化物或者半缩水结构，如图 2-3 所示。这种潜在的半醛醇和半缩醛键都很不稳定，易于断裂使醛基游离出来，反应活性与醛基化合物相同，因此双醛淀粉会与多肽链和球蛋白上的氨基发生交联，不能作为食品添加剂使用。

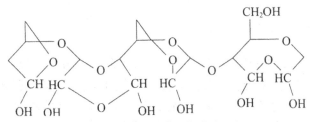

图2-2　双醛淀粉的一些基本结构

$C_2 \sim C_6$ 和 $C_3 \sim C_6$ 为分子间的半缩醛结构；$C_2 \sim C_3$ 为分子间半缩水结构

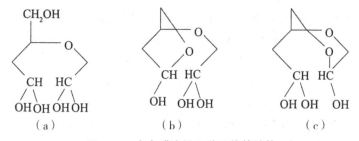

图2-3　水合醛淀粉几种可能的结构

（a）代表完全水化产物；（b），（c）代表其中一个醛基与 C_6 上的一级醇反应

（4）高锰酸钾氧化。高锰酸钾对淀粉进行氧化的选择性不高，既可能对 C_2、C_3 上的—OH 进行氧化，使之转变为醛基和羧基，也可以对 C_6 上的羟基进行氧化，使伯醇基转化为羧基，同时还伴随着 α-1,4 糖苷键和 α-1,6 糖苷键的断裂。但是，高锰酸钾对淀粉的氧化，在 C_6 上氧化成—COOH 的概率大些。反应可在碱性、酸性或中性介质中进行，碱性条件下产物微呈黄色，可用二氧化硫、亚硫酸氢钠或草酸等脱除，但产品黏合力较差；而酸性条件下的氧化效果较差，氧化程度高，羧基含量高，解聚度小，黏结性能优于次氯酸钠氧化淀粉。高锰酸钾对淀粉的氧化是靠其在介质中放出 [O] 进行的，在酸性条件下，物质的量相同的高锰酸钾释放出的 [O] 较多，表现出氧化性较强，而且副产物 Mn^{2+} 溶于水，可用水洗的方法除去，因此工业生产中一般选在酸性介质中进行氧化。

（5）高铁酸钾氧化。高铁酸钾极易溶于水，氧化能力甚至强于高锰酸钾，在强碱性溶液中相当稳定，是极好的选择性氧化剂，具有无毒、无污染、无刺激性等优点，是 $KMnO_4$、MnO_2、CrO_3、$K_2Cr_2O_7$ 等氧化剂的理想替代品。高铁酸钾氧化淀粉，淀粉分子中的伯醇基最终被氧化为醛基，而仲羟基则不受影响，碳链也没有断开，产品防腐、防霉能力较好，较原淀粉具有更优良的物理性质。

（二）交联变性

交联处理方法可获得高凝胶强度的改性淀粉。由于淀粉葡萄糖单元 C_2 和 C_3 上的羟基为游离状态，并且 C_2 上的羟基比 C_3 上的羟基更活泼，因此使得淀粉分子 C_2 上的羟基与多官能团的试剂起反应，生成新的化学键，将不同淀粉分子交叉联结起来。经常用的交联剂有三氯氧磷、丙烯醛、环氧氯丙烷、二羧酸类、甲醛、乙二醛等，按用途的不同介绍如下。

（1）三氯氧磷交联。三氯氧磷（$POCl_3$）具有 3 个官能团，在高的 pH 条件下，淀粉（StOH）易同 NaOH 作用，很快形成淀粉氧负离子 StO^-。StO^- 亲核性较强，易同 $POCl_3$ 发生 S_N2 亲核取代反应，反应式如下：

$$StOH+OH^- \longrightarrow StO^- + H_2O$$

$$StO^- + POCl_3 \longrightarrow StOPOCl_2 + Cl^-$$

同时，反应 pH 值越高，淀粉颗粒溶胀程度越大，越有利于化学试剂的扩散、渗透和反应，因此，$POCl_3$ 变性淀粉的反应效率会较高。反应中间产物磷酰氯酯中的氯将被亲核试剂继续取代。在高 pH 值条件下，淀粉颗粒溶胀大，分子链柔性大，StO^- 浓度高，亲核性强，会发生如下反应：

$$H_2O+StOPOCl_2 \longrightarrow StOPO(OH)Cl+HCl$$

在低 pH 值条件下，淀粉颗粒溶胀小，StO^- 浓度低，亲核性弱，反应主要由水分子亲核取代氯原子，反应式如下：

$$H_2O+StOPO(OH)Cl \longrightarrow StOPO(OH)_2+HCl$$

由于淀粉颗粒内分子链空间结构的亲核试剂的亲核性所限，形成磷酸三淀粉酯的概率小，中间产物磷酰氯酯中的氯原子只能由小分子的水分子继续取代，分别生成磷酸一、二淀粉酯，反应式如下：

$$H_2O+(StO)_2POCl \longrightarrow (StO)_2PO(OH)+HCl$$

$$H_2O+StOPO(OH)Cl \longrightarrow StOPO(OH)_2+HCl$$

$POCl_3$ 的水解量比淀粉的反应量更大，水解反应为副反应，消耗体系大量的碱，应尽量避免。

淀粉经三氯氧磷变性后，颗粒依然保持原淀粉的结晶结构，反应发生在淀粉颗粒的无定形区，这与淀粉颗粒的无定形区较易受碱作用和反应试剂较易渗入有关。在较高的反应程度下，淀粉分子中的脱水葡萄糖单元 C_6 的羟基可能较多地发生了反应，形成 P—O—P；当取代度较低时，三氯氧磷最先和支链淀粉作用。

（2）环氧氯丙烷交联。淀粉与环氧氯丙烷的反应过程为：①淀粉与氢氧化钠反应产生碱性淀粉和水；②碱性淀粉与环氧氯丙烷反应，生成交联淀粉及氯化钠；③另外的淀粉钠发生与步骤②类似的反应，产生交联产物。上述过程可用一个方程式表示为：

$$2StOH+CH_2OCHCH_2Cl+OH^- \longrightarrow St—CH_2(OH)CHCH_2O—St+Cl^-+H_2O$$

应注意，在碱性条件下易发生副反应，影响产率，因此在反应过程中应注意操作条件。

（3）乙二醛交联。乙二醛毒性较小，作为交联剂，在酸性催化剂存在下可对淀粉进行交联改性，反应式如下：

$$StOH+2HCOOCH \longrightarrow StO_2CHCHStO_2+2H_2O$$

乙二醛的交联反应主要发生在淀粉的伯羟基上。乙二醛的用量较少时，淀粉的交联度过低，耐水性差；乙二醛的用量过多时，产物中可能含有未参与反应的乙二醛，其水溶性促使淀粉的耐水性降低。

（三）酯化变性

（1）淀粉磷酸酯。淀粉易与磷酸盐起反应制得磷酸酯，很低程度的取代就能改变原淀粉的性质。天然原淀粉含有少量磷，这些磷以共价键与支链淀粉相连接，并以磷酸单酯的形式存在。总磷量的 $60\% \sim 70\%$ 与 C_6 相连，其余则位于葡萄糖残基的 C_3 位上。大多数磷酸酯（88%）是在支链淀粉的 B 链上。这些含磷葡萄糖链连接在支链淀粉的还原性的末端基上，并在它们的一个或多个 C_6 位上含有分支链。倘若只有一个淀粉羟基包含在淀粉-磷酸酯键中，则称为淀粉磷酸单酯；磷酸与来自不同淀粉分子的两个羟基起酯化反应的二酯属于交联淀粉。通常，无毒的磷酸酯化剂有磷酸二氢钠、磷酸氢二钠、三聚磷酸钠和三偏磷酸钠，它们与淀粉的反应式如下：

$$StOH+NaH_2PO_4 \longrightarrow StOP(OH)OONa+H_2O$$
$$StOH+Na_2HPO_4 \longrightarrow StOPO(ONa)_2+H_2O$$
$$StOH+Na_5P_3O_{10} \longrightarrow StOPO(ONa)_2+Na_3HP_2O_7$$
$$2StOH+Na_3(PO_3)_3 \longrightarrow (StO)_2POONa+Na_2H_2P_2O_7$$

（2）淀粉黄原酸酯。生成淀粉黄原酸酯类的基本反应是淀粉在碱性介质中与二硫化碳反应，即生成淀粉黄原酸酯。此反应的实质是淀粉分子中的羟基被黄原酸基取代，由于反应是在氢氧化钠存在下进行，产物实际上是钠盐，即淀粉黄原酸钠。反应式如下：

$$StOH+CS_2+NaOH \longrightarrow StSCOSNa+H_2O$$

淀粉黄原酸钠是水溶性的，如要获得固体产品，须加入乙醇使之沉淀析出。

（3）辛烯基琥珀酸淀粉钠（SSOS）。辛烯基琥珀酸淀粉钠含有不饱和碳链和羧基，是一种阴离子淀粉酯，具有疏水性质。SSOS 糊化温度低，其糊具有透明度高、稳定性好的特点，能稳定水包油型乳浊液，在食品、医药等高附加值领域应用广泛。

SSOS 的制备是在碱性条件下，以水为分散介质，淀粉与辛烯基琥珀酸酐酯化反应而得的。其反应历程可以概括如下：

$$St—OH+OH^- \longrightarrow St—O^- +H_2O$$

$$St—O^- + CH_3—(CH_2)_4—CH=CH—CH_2—CH—\overset{\displaystyle O}{\underset{\displaystyle \overset{|}{CH_2—C}}{C}} \rightleftharpoons$$

$$St—O—\overset{O}{C}—CH_2—CH_2—\underset{\underset{\displaystyle CH_3}{\overset{\displaystyle CH_2}{\overset{|}{\underset{\displaystyle (CH_2)_4}{\overset{|}{\underset{}{CH}}}}}}{CH}—\overset{O}{C}—O^-\ Na^+$$

在碱性条件下，淀粉中的羟基能和氢氧化钠作用形成淀粉氧负离子，它作为亲核试剂，对辛烯基琥珀酸酐中的羧基碳进攻，最后生成辛烯基琥珀酸淀粉。当体系中 pH 值升高，淀粉氧负离子的浓度增大，反应必然向酯生成的方向进行。但同时也加快了酸酐水解的负反应，其反应式如下：

$$R—CH—\overset{O}{C} \quad +H_2O \xrightarrow{OH^-} R—CH—\overset{O}{C}—OH$$
$$\underset{O}{\underset{\|}{CH_2—C}} \qquad\qquad CH_2—C—OH$$

反应式中 R 为辛烯碳链，所生成的辛烯基琥珀酸不具有反应活性。由于上述反应为液液均相反应，而淀粉与辛烯基琥珀酸酐的反应为固液非均相反应，反应受淀粉颗粒与酯化剂之间的接触表面积、相互渗透能力、淀粉分子链排列等诸多因素的限制。因此，在样品制备时应尽量增加辛烯基琥珀酸酐向淀粉颗粒内部的渗透性，提高反应的均匀性和反应效率，同时减少酯化剂的水解速度。

三、淀粉的接枝共聚

除了上述的化学改性方法之外，接枝共聚也是淀粉改性的方法之一。淀粉的接枝共聚改性是指在淀粉的分子骨架上引入合成高分子，使淀粉的分子结构发生改变从而改进或赋予新的性能。早在 20 世纪 70 年代，人们已开始研究淀粉与苯乙烯、丙烯酸、丙烯酰胺、丙烯腈、甲基丙烯酸甲酯等乙烯类单体的接枝共聚反应，其反应原理是：首先在引发剂的作用下使淀粉骨架上产生自由基，然后淀粉自由基与乙烯类单体反应，进一步通过链增长得到接枝在淀粉上的聚合物，即接枝共聚物。淀粉接枝共聚物产物一般都是接枝聚合物和均聚物的混合物，理想的接枝反应应得到较高的接枝效率，同时尽量抑制均聚物的生成。

由于脂肪族聚酯具有良好的生物可降解性和生物相容性，良好的力学性能和加工性能，因此近年来不仅在生物医用领域得到广泛应用，而且在环境领域的应用也受到重视。将淀粉与它们进行共聚或共混可以改善其亲水性和生物可降解性，降低它们对石油资源的依赖，同时还有可能赋予它们新的功能。淀粉和脂肪族聚酯都是可完全生物降解的、具有良好生物相容性的大分子，把两者进行接枝共聚可以获得具有生物相容性、生物可降解性、两亲性的接枝共聚物。

（一）淀粉接枝共聚的化学引发体系

（1）硝酸铈铵类引发剂。铈盐尤其是高价铈盐（Ce^{4+}）是研究最多的引发剂。其引发反应活化能较低，引发效率高，在室温下就能顺利进行反应而且引发速率快，这是其他引发剂不能比拟的，其中硝酸铈铵为最常用的引发剂。其引发机理为：Ce^{4+} 首先和淀粉 C_2 和 C_3 上的羟基形成配合物，然后引起 C_2 和 C_3 上的碳碳键断裂，其中一个羟基氧化成醛基，并在相邻的碳原子上形成自由基，如图 2-4 所示。同时 Ce^{4+} 被还原成 Ce^{3+}，淀粉自由基与乙烯基单体发生反应后得到接枝共聚物。

使用铈盐作为引发剂可以使淀粉与丙烯腈单体发生接枝共聚合成出淀粉接枝丙烯腈共聚物，由此可以制备高吸水性树脂，这是目前淀粉接枝共聚物最主要的工业产品之一。淀粉可以以颗粒形态或是糊化后进行反应，但以水作为反应介质是最常用的一种方法。先将淀粉在 60℃ 或 85℃ 进行糊化处理，然后再与含有硝酸铈铵的丙烯腈单体在室温进行接枝共聚，可以提高接枝效率、接枝链聚丙烯腈的链长度，同时减少其接枝链的数目，即降低其接枝频率。如果直接使用颗粒状的淀粉进行反应，并将丙烯腈单体溶于与水互溶的甲醇等溶剂中，然后再加入到含有硝酸铈铵的淀粉的水悬浊液中，所获得的接枝侧链的接枝频率变大，但是聚丙烯腈侧链的分子量要小得多，同时接枝效率较低。

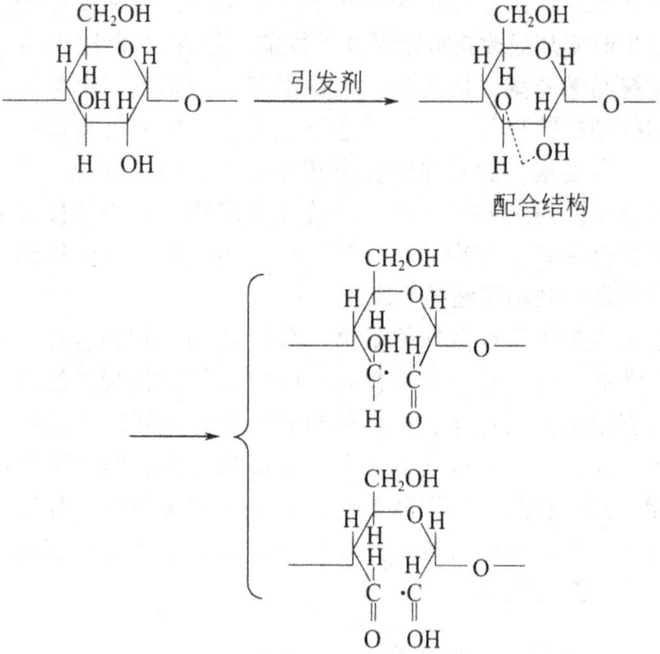

图2-4　淀粉自由基生成机理

（2）过氧化氢引发体系。采用过氧化氢作为引发体系时，过量的引发剂易于去除，不产生废渣，对后处理影响较小，无污染。与铈盐相比，成本大大降低。但是由于—OH是活泼自由基，可以引发乙烯基类单体之间的聚合反应，因此其引发效率和接枝效率较低。随着过氧化氢用量的增加，通常会造成接枝效率的下降。当固定过氧化氢的用量，加大铁离子的用量会使接枝效率和接枝频率增加，但是聚合反应速率却有所下降，接枝物的产率也随之降低。以甲基丙烯酸甲酯与淀粉的接枝共聚反应为例，只有当 H_2O_2-$FeSO_4$ 与 AGU 的摩尔比为 1∶10000 的时候，最大接枝效率才可能达到 84.8%，而在较高的引发剂含量的情况下，比如 H_2O_2-$FeSO_4$ 与 AGU 的摩尔比为 1∶100 时，其最大接枝效率为 43.3%。与之相比，使用硝酸铈铵为催化剂时，其接枝效率一直都在 83.8%～93.9%。在过氧化氢中加入 Na_2SO_4 同样可以提高淀粉-甲基丙烯酸甲酯接枝共聚反应的引发效率。

此外，过氧化氢体系常用的还原剂还有硫酸亚铁胺、硫脲、抗坏血酸等。

（3）锰（Mn^{3+}）盐和高锰酸钾体系。锰（Mn^{3+}）与铈（Ce^{4+}）相似，可与羟基化合物或多糖组成氧化还原体系，生成大分子自由基，引发乙烯基类单体在高分子骨架上发生接枝聚合。通常以硫酸锰、焦磷酸钠为原料，在酸性条件下，以高锰酸钾为氧化剂可以制备三价的焦磷酸锰 [Mn（$H_2P_2O_7$）$_3$]$^{3+}$。当以焦磷酸锰为引发剂时，淀粉可以顺利地与丙烯腈、甲基丙烯酸甲酯以及丙烯酰胺等单体发生接枝共聚反应。其中焦磷酸锰 [Mn（$H_2P_2O_7$）$_3$]$^{3+}$在酸性条件下先与淀粉形成配合物，然后再生成淀粉大分子自由基（图2-5）。对丙烯腈、甲基丙烯酸甲酯而言，接枝反应的接枝率、转化率较高，均聚物含量少，引发效果可以与铈盐相当。但是对丙烯酰胺而言，由于涉及 β-羟基丙烯酰胺烯醇的氧化反应，所以接枝效率较低。

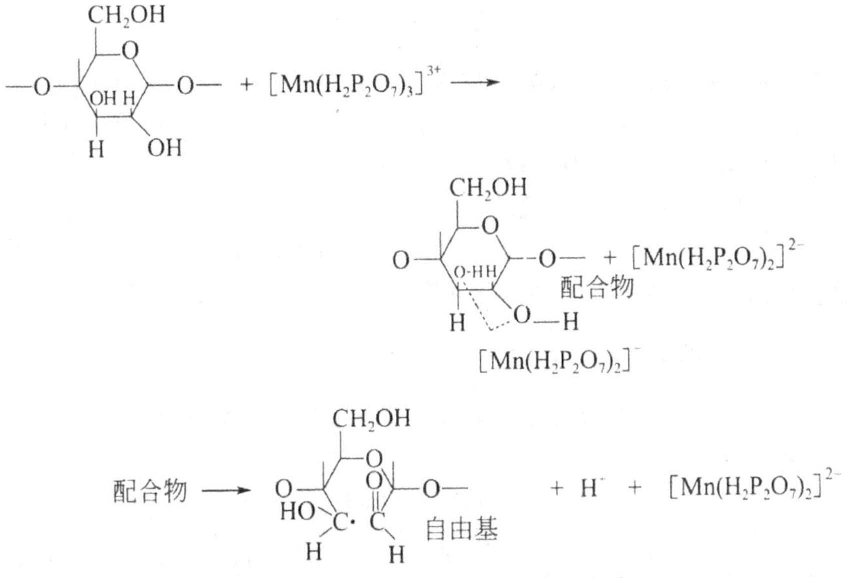

图2-5　焦磷酸锰引发淀粉形成自由基

（二）淀粉与丙烯腈的接枝共聚

1. 淀粉与丙烯腈接枝共聚反应

淀粉在适当的催化剂存在下，可与丙烯腈等不饱和单体进行接枝共聚。反应式如下：

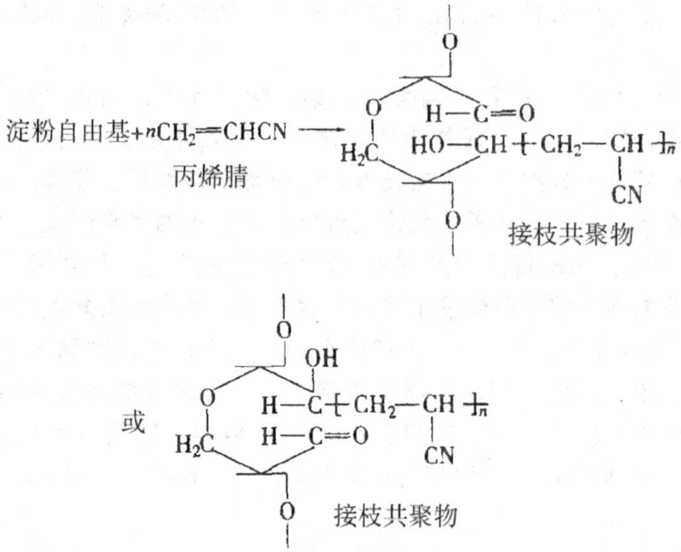

$$淀粉自由基 + nCH_2=CHCN \longrightarrow$$
丙烯腈

接枝共聚物

或

接枝共聚物

共聚物的制备：将玉米淀粉加入水中，搅拌成淀粉乳，倒入四口烧瓶中，通入氮气约30min，加入硝酸铈铵，然后加入丙烯腈，在35℃下保持不停搅拌反应1h，过滤，水洗多次，80～90℃干燥得共聚物。共聚物中含有丙烯腈均聚物，用二甲基甲酰胺溶解除去。混共聚物于二甲基甲酰胺溶液中，在室温下静置3d，不时搅拌，换新二甲基甲酰胺2次，检查无均聚丙烯腈，过滤，水洗多次，干燥，得不含均聚物的接枝共聚物。

2. 淀粉与丙烯腈接枝共聚中的影响因素

（1）单体对淀粉接枝效率的影响。不同单体在相同条件下的活性不同，具体见表2-1。

表2-1　不同单体对淀粉的接枝

单体	催化剂	温度/℃	时间/h	单体量		均聚物量/g	接枝物量/g	接枝物中单体含量/%
				/mol	/g			
丙烯腈	Ce^{4+}	室温	3	0.1	5.2	0.26	8.49	11.09
丙烯酸铵	Ce^{4+}	50	3	0.1	7.1	1.91	7.33	4.17
醋酸乙烯	Ce^{4+}	50	3	0.1	8.5	1.00	—	—
苯乙烯	Ce^{4+}	50	3	0.1	10.3	微量	—	—

表2-1所示在铈离子催化下，丙烯腈同淀粉接枝的活性最大，生成的

副产物聚丙烯腈量最少，而接枝转化率最高；丙烯酸胺次之；而醋酸乙烯和苯乙烯在该反应条件下没有淀粉接枝物生成。

（2）引发剂浓度和加入方式对淀粉接枝的影响。引发剂铈盐的浓度和丙烯腈加入的先后次序、丙烯腈与淀粉的相对浓度比、反应时间等因素对于接枝共聚反应都有影响。以小麦淀粉、不同硝酸铈铵盐液（0.1mol/L 硝酸铈铵溶于 0.1mol/L 硝酸中）用量试验引发剂浓度与共聚物中含丙烯腈量的关系，结果如图 2-6 所示。如图中曲线所表示，铈盐浓度为 5.0×10^{-3}mol/L时，共聚物中丙烯腈含量最高；在铈盐浓度较高时，丙烯腈含量反而稍有所降低。由此可见，铈盐浓度过高对反应有抑制作用。铈盐浓度由 2.5×10^{-3}mol/L 增加到 1.0×10^{-2}mol/L，均聚物生成量增高不多，由加入丙烯腈总量的 10% 增加到 14%。

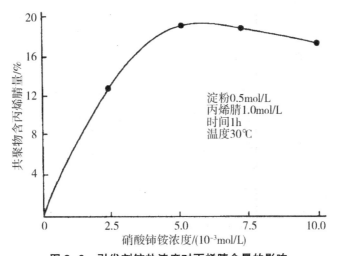

图2-6　引发剂铈盐浓度对丙烯腈含量的影响

因为铈盐与淀粉和丙烯腈单体都能生成络合结构，引发共聚反应，故单体先后加入的次序对反应有影响。先加入铈盐，30min 后加入单体，与加入单体立即加入铈盐的对比试验结果列于表 2-2。试验条件为丙烯腈 5.3g（0.1mol）、小麦淀粉 8.1g（0.05 mol），混入 100mL 溶剂（水与二甲基甲酰胺 1∶1），30℃反应 1h。表中数据表示铈盐在丙烯腈以后加入，所得共聚物中含丙烯腈量要高很多，均聚物丙烯腈产量增加很少。也曾试验过将铈盐分 2 次和 3 次加入，中间相隔 1h，与 1 次加入的结果对比，分批加的方法降低共聚物中丙烯腈含量很多，所以应当将铈盐一次加入。随反应进行时间增长，所得共聚物含丙烯腈量增高，30～40min 达到最高值，以后趋向平衡，如图 2-7 所示。

表 2-2　铈盐加入方式对接枝共聚的影响

铈盐浓度/（mol/L）	先加铈盐，30min 后加入丙烯腈			先加丙烯腈，立即加入铈盐		
	均聚丙烯腈/g	共聚物产量/g	共聚物含丙烯腈/%	均聚丙烯腈产量/%	共聚物产量/g	共聚物含丙烯腈/%
2.5×10^{-3}	0.50	7.45	2.38	0.53	8.10	12.26
5.0×10^{-3}	0.65	8.58	11.85	0.63	8.25	19.27
1.0×10^{-2}	0.58	9.08	23.40	0.78	8.88	17.43

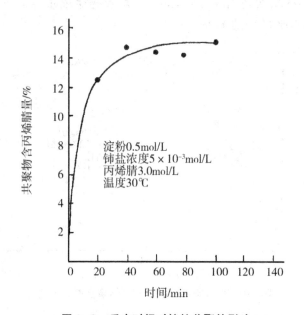

图 2-7　反应时间对接枝共聚的影响

　　丙烯腈浓度增高，所得共聚物中丙烯腈含量增加，如图 2-8 所示。各试验的接枝效率，即接枝量占总聚合量的百分率都在 50% 以上。接枝效率随丙烯腈浓度增高而上升，在 1mol/L 浓度达到最高值（62.5%），但在最适当的铈盐浓度 5×10^{-3} mol/L 时，接枝效率更高，达到 87%。

（三）淀粉与脂肪族聚酯的接枝共聚

　　淀粉接枝共聚物的合成方法通常可以分为 graft from 和 graft onto 两大类。
　　（1）graft from 方法。graft from 方法指以淀粉上的羟基为引发剂，环状单体（内酯或交酯）开环聚合常用的有机金属化合物为催化剂，使环状单体开环聚合从而得到接枝共聚物。采用的催化剂主要包括辛酸亚锡［Sn（Oct）$_2$］、异丙醇铝和三乙基铝等。接枝共聚反应可以采用本体聚合、溶液聚合或者采用反应挤出方法来进行。通常认为，［Sn（Oct）$_2$］等催化剂与淀粉分子中的羟基进行配位，然后再插入环状单体分子实现开环聚合，具体过程如图2-9所示。

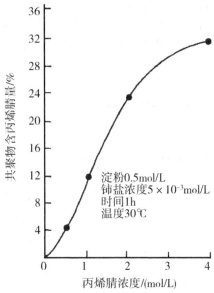

图2-8　丙烯腈浓度对接枝共聚的影响

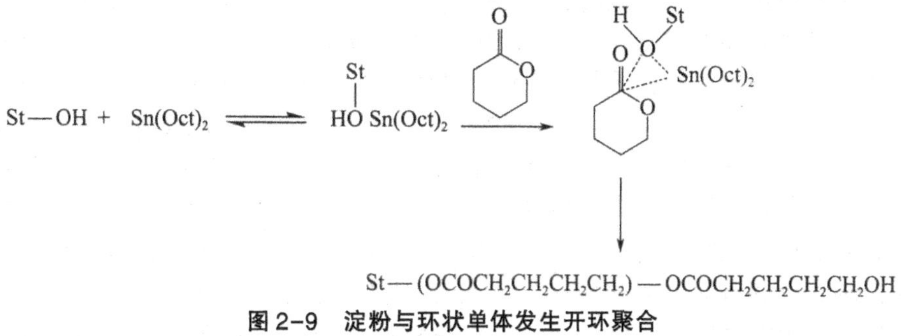

St—OH + Sn(Oct)$_2$ ⇌ HO Sn(Oct)$_2$ →

St—(OCOCH$_2$CH$_2$CH$_2$CH$_2$)—OCOCH$_2$CH$_2$CH$_2$CH$_2$OH

图2-9　淀粉与环状单体发生开环聚合

graft from方法的优点是操作简单、反应步骤少。但是，由于接枝聚合反应是在羟基和有机金属共引发下完成的，引发点主要是淀粉分子链上的羟基，最终接枝聚合物的分子量与引发剂的羟基含量直接相关，在接枝反应过程中发生分子内或分子间酯交换和链转移的可能性很大，因此对接枝共聚物分子结构的控制变得非常困难。

（2）graft onto方法。graft onto方法是指先合成具有特殊活性端基的侧链预聚物，然后与淀粉的羟基偶联从而得到接枝共聚物。这种方法可以有效控制共聚物的分子结构，但反应步骤较多，过程复杂且通常需在溶液中进行。

graft onto 方法的显著优点是能够控制接枝共聚物的分子结构，进而可以调控接枝物的溶解性、亲疏水性以及降解性等。然而为了保证接枝效率，反应需要在溶液中进行，而淀粉在大多数有机溶剂中溶解性差，从而影响了接枝共聚物最终的物化性能。另外，该方法中广泛使用到了异氰酸酯类、碳化二亚胺等偶联剂，这类偶联剂容易残留在产物中，对环境及人体带来安全等问题。

四、淀粉与天然高分子共混材料

（一）淀粉/纤维素聚合物的使用

热塑性淀粉材料的主要缺点在于其高度的环境湿度敏感性，在使用和储存过程中由于易吸收水分，导致其 T_g 发生变化。此外，热塑性淀粉常用的亲水性增塑剂容易迁移并被水冲洗掉。在淀粉老化过程中，这种非平衡含水量的改变将使材料的性能产生不可控的恶化。因此，耐水性差和力学性能不高严重限制了淀粉在材料领域的发展，通常需要用其他高分子对其进行共混改性来提高性能。

众所周知，纤维素是自然界分布最广、储量最多的一种天然多糖。但是由于纤维素存在很强的分子间和分子内氢键作用，难以热塑加工并且不溶于常见的有机溶剂，因此通常使用纤维素的衍生物与淀粉进行共混改性。纤维素与淀粉具有相同的重复结构单元，分子链中含有大量羟基，因而将两者共混时，它们之间可以产生较强的氢键相互作用，表现出很好的相容性，可以制备出结构均一的共混材料。浇铸成型和模压成型是制备淀粉/纤维素共混材料最常用的方法。使用甲基纤维素和羧甲基纤维素与淀粉进行共混时，所制备的共混材料在性能上存在明显差异。制备过程中，可先将淀粉在一定温度的水中溶解，再将甲基纤维素或羧甲基纤维素配制成溶液与之混合，然后成膜并干燥除去水分而得到共混膜。研究结果表明，淀粉/甲基纤维素共混膜的吸水率和吸水速率与纯淀粉膜比较接近，而淀粉/羧甲基纤维素共混膜的吸水率和吸水速率则略低于纯淀粉膜。在生物降解性能方面，两种共混膜的降解速率都略低于纯淀粉膜且降解率随着淀粉含量的增加而逐渐增大。两者相比，淀粉/羧甲基纤维素共混膜表现出更快的降解行为。

由于天然高分子拥有优异的生物相容性和可降解性，近年来开发其在生物医用领域的应用备受青睐。羧甲基纤维素具有较强的亲水性和溶胀性能，被广泛用于医药行业。

(二) 淀粉/壳聚糖聚合物的使用

甲壳素是一种以 $\beta-$（1,4）$-N-$乙酰氨基$-2-$脱氧$-D-$葡聚糖为重复结构单元的线型聚多糖，可从无脊椎动物、真菌和细菌中提取而得，在分离膜、螯合试剂、化妆品、生物可降解材料和生物医用材料等众多领域具有应用价值。将甲壳素进行脱乙酰化处理后可以得到应用更为广泛的壳聚糖。由于结构中存在自由氨基使得该聚合物具有优异的抗菌性能。近年来，由病原微生物诱发的食品安全问题频频出现，为了提高食品储存过程中的安全性，将壳聚糖用于淀粉的改性以制备新型的抗菌食品包装材料成为研究热点。将壳聚糖与淀粉进行共混可以实现分子级别的混合，得到结构均一的共混材料。通过改变加工方法、聚合物比例、增塑剂和交联剂用量等因素可以调控材料的微观结构和综合性能，并且借助壳聚糖在氧气阻隔性能和生物相容性方面的优势，可以拓展淀粉基材料在食品及生物医用方面的应用前景。

使用甲壳素或壳聚糖对淀粉进行改性可望解决淀粉基材料水敏感性过强、力学性能欠佳等问题，同时由于甲壳素和壳聚糖具有良好的生物降解性能，所以在淀粉基体中引入甲壳素和壳聚糖不会使其降解性变差，仍然是一种可全生物降解的环境友好材料。

第四节　淀粉基生物降解材料的应用

一、吸附材料

工业废水中含有很多有毒的物质，如金属离子、芳香族化合物及废酸废碱等。它们不仅对环境造成了严重污染，而且大多数污染物都有毒或者会致癌，容易在人体内沉积，威胁着人类的健康。淀粉基材料常被用作工业废水的吸附剂，其吸附过程主要分为 3 个阶段：①工业污染物从污水中向吸附材料表面扩散；②吸附材料将污染物吸附在表面；③污染物向材料内部扩散。有关吸附动力学、吸附等温曲线和吸附机理等方面的研究对于深入了解吸附过程十分重要，有助于选择合理的策略解决现实生活中的污染问题。

（一）淀粉基高分子材料的吸附机理

由于淀粉基吸附材料化学结构多样、形态不一且其与污染物之间存在多重相互作用，因此其吸附机理通常较为复杂。此外，工业废水中含有多种化学物质，每种工业废水的 pH 值及盐浓度都不相同，要想了解淀粉基吸附材料的吸附机理更是难上加难。具体来说，吸附材料与污染物之间的相互作用包括以下几种：离子交换、配位作用、螯合作用、静电作用、氢键作用、疏水相互作用、物理吸附以及沉淀作用等。根据吸附材料的化学结构和性质不同，有时遵循一种吸附机理，有时则是多种吸附机理同时存在。

将淀粉进行交联和磷酸化可得到交联阴离子型淀粉吸附材料。该吸附材料借助 H^+ 或 NH_4^+ 与 Zn^{2+} 间的离子交换作用可实现对 Zn^{2+} 的吸附。该吸附材料的吸附作用依赖于淀粉的磷酸化程度，提高淀粉的磷酸化程度可使淀粉衍生物的重金属吸附能力得以增强。

利用羧基与金属离子间的配位作用可以构筑具有较强金属离子吸附能力的淀粉基吸附材料。通过对淀粉进行氧化将羧基引入到淀粉分子结构中，并且控制其氧化程度来调控羧基的数目，进而实现其与金属离子间的配位作用及相应吸附性能的调控。此外，还可以采用自由基聚合方法将带有羧基的不饱和单体与淀粉进行接枝共聚得到淀粉衍生物，通过改变反应条件可以调控共聚物的羧基含量，从而实现对金属离子吸附性能的优化。

由于含有 N、O 供电子原子，吸附碱可与多种过渡金属离子形成螯合物。因此，将邻苯二胺与氧化淀粉的醛基进行反应，得到的淀粉衍生物表现出对 Ni^{2+} 较好的吸附性能。

由于纺织废水中含有阴离子染料，通常可以利用阳离子季铵盐与其之间的静电相互作用将其吸附，因此阳离子淀粉可以用于纺织废水的处理。在淀粉的阳离子化改性中，常采用带有环氧基团的氯化铵化合物在碱性条件下与淀粉进行醚化反应，以合成阳离子化程度可控的淀粉衍生物。

直接将淀粉进行交联改性可得到对偶氮类染料有较好吸附性能的材料。偶氮染料中的磺酸基团与淀粉基吸附材料的羟基和酰氨基之间存在氢键相互作用，因此偶氮染料中磺酸基数量越多，材料的吸附能力越强。

非离子型淀粉吸附剂通常依靠物理吸附作用去除污染物，污染物一般在浓差扩散作用下向吸附剂表面甚至内部逐渐迁移、渗透。直接用交联剂对淀粉进行交联改性，然后再采用反相悬浮聚合方法制备中性交联淀粉微球，该微球通过物理吸附作用可吸附苯胺。

（二）淀粉基高分子吸附材料的性能

以六亚甲基二异氰酸酯为交联剂通过直接交联法可以制备非离子型的淀粉吸附材料，该吸附材料对偶氮类染料具有较高的吸附性能，其吸附能力与偶氮染料的结构以及溶液 pH 值有关。非离子型淀粉吸附材料对于磺酸基含量较高的偶氮化合物具有较高的吸附率，这主要归因于交联淀粉中的羟基和酰氨基可与染料的磺酸基形成氢键作用。溶液 pH 值越高，材料对偶氮染料的吸附能力越强。

先用高碘酸钠将淀粉氧化得到二醛淀粉后，再将其与邻苯二胺反应制备淀粉接枝邻苯二胺。该淀粉衍生物对 Ni^{2+} 具有吸附作用，衍生物分子结构、初始 Ni^{2+} 浓度、溶液 pH 值和吸附温度是影响其吸附性能的主要因素。淀粉分子链上邻苯二胺的取代度越高，对 Ni^{2+} 的吸附能力越强。具有不同取代度的淀粉衍生物在 25℃对 Ni^{2+} 吸附量介于 $0.76 \sim 1.03mmol/L$ 之间。初始 Ni^{2+} 浓度越高，材料的吸附量越大，呈现出明显的浓度依赖性。溶液 pH 值的增加有利于材料吸附性能的提高，但 pH 值超过 5.0 后，溶液中的 Ni^{2+} 会形成可溶性的羟基复合物，导致吸附能力反而降低。从吸附动力学曲线上看，吸附超过一定时间后其吸附量不再发生明显变化。

以环氧氯丙烷为交联剂制备交联玉米淀粉，然后用过氧化氢将其氧化可以得到具有不同氧化度的交联淀粉。该交联淀粉可通过与 Ca^{2+} 间的配位作用将其吸附，吸附行为符合 Langmuir 等温吸附模型。氧化程度是影响该淀粉衍生物吸附性能的主要因素之一，羧基含量越高的氧化交联淀粉与 Ca^{2+} 间相互作用越强，其吸附能力就越强，可达到 $1.561mmol/g$。以甲基丙烯磺酸钠和丙烯酸为共聚单体，在硝酸铈铵引发剂作用下将它们与淀粉进行共聚，可以合成侧链带羧基的淀粉衍生物。该衍生物可作为废水中 Cu^{2+} 的吸附材料，在 35℃、pH 值为 9 的溶液中，使用 $0.75g/L$ 的吸附材料可使 Cu^{2+} 的浓度由 $100mg/L$ 降低至 $0.15mg/L$，达到国家污水综合排放标准。此外，先用环氧氯丙烷将淀粉进行交联，然后在过硫酸钾引发下将其与甲基丙烯酸共聚合成一系列不同羧基含量的淀粉基吸附材料。该材料对 Cu^{2+}、Pb^{2+}、Cd^{2+} 和 Hg^{2+} 具有吸附性能，同时发现该性能受到溶液 pH 值、淀粉衍生物结构、吸附时间及吸附剂用量等因素影响。从分子结构上看，没有经过共聚改性的交联淀粉不含有羧基，对 Cu^{2+} 几乎没有吸附性能，但共聚改性后，羧基的引入使其 Cu^{2+} 吸附量明显提高且随着甲基丙烯酸接枝含量的增加而逐渐增大。当 pH 值较低时，羧基无法被去质子化形成羧酸根，难以与金属离子产生相互作用，所以材料未显现出明显的吸附性能，但随着溶液 pH 值增大其吸附作用逐渐变强。此外，吸附时间和吸附剂用量的增加均

有利于提高 Cu^{2+} 的去除效果。对于相同浓度的不同金属离子而言，材料的吸附量顺序为：$Cu^{2+} < Pb^{2+} < Cd^{2+} < Hg^{2+}$。用环氧氯丙烷对淀粉进行交联后，如果再用磷酸和尿素对交联淀粉进行磷酸化改性，可使该淀粉衍生物通过离子交换作用实现对 Zn^{2+} 的吸附。该吸附材料对 Zn^{2+} 的吸附量与其磷酸化程度、Zn^{2+} 初始浓度、吸附温度和时间有关。随着磷酸化程度和 Zn^{2+} 初始浓度的提高，Zn^{2+} 吸附量也升高，提高吸附温度和延长吸附时间均有利于提高体系的吸附量。吸附过程为吸热反应，符合 Langmuir 等温吸附模型，且最大 Zn^{2+} 吸附量为 2.00mmol/g。

机械活化是一种在摩擦、碰撞、冲击、剪切等机械力作用下使固体颗粒物质结构和性能发生变化的技术，经机械活化后固体颗粒的部分机械能可转变为内能，反应活性得到提高。当用球磨机对木薯淀粉进行机械处理后，再在碱性条件将其与一氯乙酸反应即可得到羧基化淀粉。羧基化程度对羧基化淀粉的吸附性能有明显影响，在相同条件下，淀粉衍生物的取代度由 0.322 提高至 0.841，可使其 Cu^{2+} 吸附率由 57.5% 上升至 98.8%。在pH 值为 7.0 条件下，使用 50.0mg/L 的高取代度淀粉衍生物对废水处理15min 后就能将 Cu^{2+} 浓度由 34.50mg/L 降至 0.43mg/L。

纺织废水中含有阴离子型染料，若使用阴离子交联淀粉为吸附剂则无法起到有效的净化作用，因此阳离子化淀粉逐渐进入人们的视野。在碱性条件下使 2,3-环氧丙基三甲基氯化铵与淀粉或羟乙基淀粉发生醚化反应，同时加入环氧氯丙烷作为体系的交联剂，通过改变 2,3-环氧丙基三甲基氯化铵与淀粉间的比例，可以得到一系列阳离子化程度不同的改性淀粉。研究发现，交联前后该阳离子化淀粉对阴离子染料的吸附均符合 Langmuir 吸附模型。由于吸附主要是基于淀粉的阳离子与染料阴离子之间的相互作用，因此阳离子化程度是影响材料吸附性能的关键因素。对于化学交联的阳离子化淀粉而言，其对 AR 151 染料的平衡吸附量由 2,3-环氧丙基三甲基氯化铵取代度为 0.19 时的 0.81mol/kg 提高至 1.16 时的 3.22mol/kg，提高幅度接近 300%。当其取代度为 0.47 ~ 0.62 时，阳离子基团与染料结合的有效率为 100%，这说明阳离子吸附了等物质的量的阴离子。对于未交联改性的阳离子化淀粉而言，对 AB 25 染料的吸附量由取代度为 0.2 时的 0.88mol/kg 上升至 1.03 时的 1.87mol/kg，但取代度的提高使其与染料中阴离子基团的结合有效率逐渐降低。这是因为阳离子化程度越高，改性淀粉的溶解性越好，与染料结合后会形成可溶性聚电解质复合物，从而使其吸附性能有所降低。由此说明，交联阳离子化淀粉更适合用于染料的吸附。交联阳离子化淀粉可以在较宽的 pH 值范围内实现对染料的有效吸附，其吸附量在pH 值为 2 ~ 10 范围内几乎保持不变，并且其吸附速率较快，30min 内便可达到平衡吸附状态。温度是影响阳离子淀粉吸附有效性的另一因素，随着吸附温度的升高，其有效性也有所增强。用 1，4-丁二醇二缩水甘油醚对淀粉进行交联改性的过程中，同时加入 2，3-环氧丙基三甲基氯化铵使其阳离子化，同样可以制备阳离子化交联淀粉。该衍生物对 AB 25 染料具有较好的吸附效果，但其吸附性能也受到染料初始浓度、溶液 pH 值、吸附温度和时间的影响。染料初始浓度越高，其吸附量越大，吸附平衡时间越长。该吸附材料在 pH 值不超过 10 条件下均表现出较好的吸附性能，吸附行为符合准二级动力学模型。

交联两性淀粉也可以用作吸附材料。先用表氯醇将淀粉交联后，再将其与 2-氯代三乙胺盐酸盐反应以引入阳离子，再与丙磺酸钠反应引入阴离子，得到改性淀粉。该交联两性淀粉对溶液中的二价金属离子（Cu^{2+}、Pb^{2+} 和 Zn^{2+}）具有吸附效果。金属离子初始浓度和溶液 pH 值对吸附性能有明显影响。当 pH 值小于 3 时，吸附剂对金属离子的吸附率较低，而 pH 值大于 3 后，其吸附率较高且不再依赖于溶液 pH 值的变化。随着金属离子初始浓度的增加，材料的吸附率逐渐下降，由 100ppm（$1ppm = 10^{-6}$）时的 95% 下降至 50%～80%，下降幅度顺序为：$Cu^{2+} < Pb^{2+} < Zn^{2+}$。吸附为放热过程，符合 langmuir 等温吸附模型，对 Cu^{2+}、Pb^{2+} 和 Zn^{2+} 的吸附焓依次为：$-10.85kcal/mol$、$-16.20kcal/mol$ 和 $-20.00kcal/mol$，其中 $1cal = 4.1868J$。交联两性淀粉对酸性染料和碱性染料都具有优异的吸附效果，其制备过程同样先以环氧氯丙烷为交联剂制备交联淀粉，然后将其与 3-氯-2-羟丙基三甲基氯化铵进行醚化反应引入阳离子基团，再在碱性条件下用氯乙酸对其进行羧基化改性引入阴离子。该交联两性淀粉的吸附性能与溶液 pH 值、吸附剂用量、染料初始浓度、吸附时间与温度有关。对酸性染料的吸附为放热过程，低温有利于材料对染料的吸附；而其对碱性染料的吸附行为与温度之间不存在线性关系，最佳吸附温度为 60℃。该交联两性淀粉吸附行为遵循准二级动力学模型。此外，还可以用含有氨基和二硫代羧基的交联两性淀粉作为吸附剂，其合成过程为：先将淀粉用表氯醇进行交联，然后在自由基引发剂硝酸铈铵的作用下与丙烯酰胺进行共聚引入阳离子基团，再与二硫化碳反应得到淀粉黄原酸酯。由于两性官能团的存在，该淀粉材料不仅具有阴离子絮凝作用，同时还可以吸附重金属离子。阴离子化改性的淀粉吸附剂对 Cu^{2+} 的吸附性能明显高于阳离子化淀粉，吸附效果受溶液 pH 值影响。随着溶液 pH 值的增加，对 Cu^{2+} 的吸附量呈上升趋势。Cl^- 的存在不会影响材料对铜离子的吸附性能，但 SO_4^{2-} 浓度的增加会使吸附速率略微变缓，EDTA 浓度的提高则会使吸附速率明显降低。这说明在与 Cu^{2+} 的作用上，交联两性淀粉、Cl^- 和 EDTA 间存在竞争关系，作用强弱顺序为：

Cl⁻<交联两性淀粉<EDTA。

通常而言，将黏土与聚合物复合一方面可以降低成本，另一方面可借助有机高分子与无机物之间的协同作用提高复合材料的性能。近年来，将无机黏土用于淀粉衍生物的复合改性以制备吸附材料的研发日益受到关注。在不同浓度的钠基蒙脱土存在下，以硝酸铈铵作为引发剂使凝胶化淀粉与丙烯酸共聚可以制备阴离子型淀粉/蒙脱土复合材料。该材料对碱性藏红具有较好的吸附性能，复合物中钠基蒙脱土含量、吸附时间、染料初始浓度和吸附剂用量是影响材料吸附量的主要因素。在吸附时间方面，吸附过程的延长有利于材料对染料吸附量的提高，对于不含蒙脱土或蒙脱土含量为1%的淀粉吸附材料而言，吸附时间到达30h后，其吸附量几乎保持平衡，而蒙脱土含量为3%的吸附材料则需在70h才基本达到平衡吸附状态。蒙脱土的加入对材料最终的染料平衡吸附量没有明显影响，但相同吸附时间内较高蒙脱土含量的材料的染料吸附量较低。染料初始浓度较大时，材料的吸附量也相对较高。此外，该材料还可以用作 Cu^{2+} 和 Pb^{2+} 等金属阳离子的吸附剂，其金属离子吸附性能受到溶液 pH 值、吸附时间及金属离子初始浓度等因素所影响。随着溶液 pH 值增加，阴离子化淀粉复合材料对金属的吸附性能也有所增强，具有最佳吸附性能的 pH 值为4.0。对同种离子而言，吸附时间越长其吸附量也越大，吸附24h后基本达到平衡状态。相对而言，该吸附剂对 Cu^{2+} 的吸附量大于 Pb^{2+}，吸附行为符合准二级动力学模型。

淀粉微球由于具有较大孔容积、比表面积以及适度的膨胀度，适合作为吸附材料用于工业废水的处理。用 N,N'-亚甲基双丙烯酰胺对淀粉进行交联改性，并采用反相悬浮聚合方法可以制备交联淀粉微球。该微球对苯胺表现出一定的吸附性能，由于其吸附是一个放热过程，平衡吸附量随着吸附温度的升高而逐渐降低。交联淀粉微球对苯胺的吸附作用主要依赖于苯胺与淀粉之间的物理相互作用，其吸附行为同时符合 Langmuir 和 Freundlich 等温吸附机理。一般来说，中性淀粉微球只能依靠物理吸附作用对污染物进行清除，吸附性能有限，当对其进行离子化改性后有助于提高其对带电污染物的吸附性能。仍以可溶性淀粉为原料，N,N'-亚甲基双丙烯酰胺为交联剂，通过反相悬浮聚合法制备出改性淀粉微球，然后再用三偏磷酸钠对其进行阴离子化改性制备了粒径分布较为均一、孔隙率较高的改性淀粉微球。该微球对 Hg^{2+} 的吸附量随着吸附时间的延长而逐渐增加，吸附150min后吸附量不再变化。溶液 pH 值对微球的吸附性能影响较大，当pH 值为2.0时吸附量仅为1.2mmol/g，但当 pH 值上升至6.0时其吸附量骤增至2.3mmol/g，继续提高溶液 pH 值又会使吸附量有所降低。吸附温度对吸附量的影响效果与 pH 值相似，当温度为40℃时吸附量达到最大值。阴离

子淀粉微球对 Hg^{2+} 吸附行为既符合 Langmuir 等温吸附方程又符合 Freundlich 等温吸附方程，相对而言，用 Freundlich 等温吸附方程进行拟合的相关性更好。

二、药物载体

淀粉具有良好的生物可降解性、生物相容性、无毒、无免疫原性且储存稳定、价格低廉、与药物之间不存在特异性相互作用，符合给药系统的要求，并且在药物制剂方面，淀粉已经被成功用作固定口服剂型的黏合剂、稀释剂和崩解剂。近年来，随着纳米技术开始兴起，基于淀粉纳米药物传输载体的研究也受到了极大关注。下面我们将着重介绍淀粉基药物载体近年来的研究动态，并对其制备和性能进行阐述，主要包括以下不同类型的药物载体材料：片剂、胶束、囊泡或脂质体、微球或纳米球、水凝胶或纳米凝胶、膜和纤维等。

（一）淀粉基药物释放载体的制备

1. 片剂的制备

虽然淀粉长期以来就是医药领域常用的药物填充剂，但是将其进行物理或化学改性后可以赋予淀粉更多的特性。将甲基丙烯酸乙酯与木薯淀粉或羟丙基淀粉进行共聚，所得共聚物可以用作无水茶碱缓释片的赋形剂。药片的制备过程大致为：首先在引发剂作用下（常选用硝酸铈铵）将共聚单体与淀粉进行接枝共聚，共聚物可以采用烘箱干燥或冷冻干燥两种方法进行干燥，然后将共聚物与药物混合均匀并加入硬脂酸作为润滑剂，用单冲压片机压成药片。

以不同直链淀粉含量的玉米淀粉为原料，并对其进行羟丙基化改性，所得改性淀粉可以作为盐酸普萘洛尔的赋形剂。在模拟胃肠环境中，片剂的药物释放行为受到直链淀粉含量影响。样品制备过程为：首先将蜡质玉米淀粉、普通玉米淀粉和高直链玉米淀粉溶于水中，在碱性条件下用环氧丙烷对其进行羟丙基化改性，然后将改性淀粉与药物在混合器中搅拌均匀，加入适量硬脂酸镁混匀后将混合物在一定压力下制成药片。

将甲基丙烯酸甲酯、甲基丙烯酸乙酯、甲基丙烯酸丁酯、甲基丙烯酸羟乙酯、甲基丙烯酸羟丙酯等与淀粉共聚后，所得共聚物不能使药物恒速释放，并且基体容易被细菌和酶所降解。为了提高口服给药系统的控释性能，可通过共聚改性方法将甲基丙烯酸引入高直链玉米淀粉分子链上，羧基的引入可使该淀粉衍生物具有 pH 值响应性。在惰性气氛中，以过硫酸钾为引发剂，将淀粉、甲基丙烯酸和一定量的交联剂在水中进行接枝共聚反应，产物经沉淀、过滤、洗涤、干燥后研磨得到均匀的粉末，然后将其与药物混合压片成型。

2. 胶束的制备

将亲水性淀粉进行疏水化改性可以得到两亲性接枝共聚物，该类共聚物在水中可以自组装形成纳米聚集体。这种以亲水链为壳、疏水链为核的聚集体常被称之为胶束。近年来以胶束作为疏水药物（特别是抗癌药物）的载体颇受关注。疏水药物通常是以疏水相互作用与两亲性淀粉中的疏水链结合，进而被负载到胶束的核层之中。

在淀粉基胶束载体的研究中，以二环己基碳二亚胺和二甲氨基吡啶为催化剂，将具有不同烷基链长的月桂酸、棕榈酸和硬脂酸与淀粉进行酯化反应。合成过程为：将羟乙基淀粉充分干燥后溶于二甲基亚砜中，然后依次加入脂肪酸、二环己基碳二亚胺和二甲氨基吡啶，在一定温度下密封反应，将副产物过滤后，经沉淀、过滤、洗涤、渗析、冻干后得到共聚物。可以采用溶剂挥发法制备该两亲性共聚物胶束，先将共聚物溶于水/四氢呋喃混合溶剂中，然后将水在搅拌作用下逐滴滴加至溶液中，在加热、真空条件下旋转蒸馏至四氢呋喃完全挥发便可得到胶束溶液。

此外，也可以将醚化两亲性淀粉衍生物制成载药胶束，具体过程是：先将淀粉分散在甲醇中，加入 HCl 溶液使其部分降解，然后以丁基缩水甘油醚为疏水改性试剂，在碱性条件下与降解淀粉反应，冷却后将 pH 值调至中性，加入沉淀剂将产物沉淀出来，经多次洗涤后，在水中渗析两天，冻干后得到两亲性淀粉。采用渗析法制备载药胶束，先将该两亲性淀粉与醋酸泼尼松共同溶于二甲基甲酰胺溶剂中，然后将该溶液在蒸馏水中透析 24h 后制得载药胶束溶液。

3. 微球或纳米球的制备

以淀粉为原料制备淀粉微球或者纳米球的研究较多，并且已经有工业化的产品。可以采用多种工艺制备淀粉微球，如采用反相乳液聚合法制备淀粉基微球时，首先将不同质量的二氯苯胺苯乙酸钠溶于 NaOH 溶液中，然后将淀粉溶于其中，再将该淀粉乳加入环己烷/氯仿混合溶剂中，乳化剂为山梨糖醇酐油酸酯，在高速搅拌作用下加入适量环氧氯丙烷作为交联剂进行反应，产物再经过滤、洗涤、干燥后得到淀粉微球。为了进一步提高微球的交联密度，需将其在甲醛或戊二醛溶液中继续室温交联。

采用超声法能够制备对胰岛素进行可控传输的淀粉微球。微球的制备仍然需要先将淀粉在水中糊化，然后冷却至室温并加入适量十二烷，在高强度条件下超声数分钟便可得到空白微球。载药微球的制备则需将胰岛素加入到淀粉溶液中，剩余过程与制备空白微球一致，之后还需经历离心、洗涤等过程。

采用双乳化法可以制备具有生物黏附性的微球，首先将淀粉分散于水中制备分散液，药物溶液的配置则需在氯仿中进行，同时需要加入少量硬脂酸镁，第一次乳化是将药物溶液向淀粉分散液中滴加，并加入乳化剂提高体系的稳定性，搅拌均匀后便可进行第二次乳化，将乳液滴加至含有乳化剂的液体石蜡中，然后将该乳液充分搅拌后，经离心、洗涤、冻干后得到载药微球。

在超小尺寸淀粉基纳米球的制备过程中，水油比、淀粉用量、表面活性剂类型及用量、交联剂用量和反应时间等因素对形成淀粉纳米球的尺寸大小均有所影响。以牛血清蛋白和骨形成蛋白-4 作为模型药物时，发现纳米球对该药物具有较好的负载和控释性能。首先将可溶性淀粉在 NaOH 溶液中溶解，然后依次加入异丙醇和 2,3-环氧丙基三甲基氯化铵，充分反应后将产物溶液在水中透析 3 天，冻干得到阳离子化淀粉。纳米球的制备是先将聚合物在加热条件下水解，再经超声后将 pH 值调至 10，油相的配置需将适量的表面活性剂溶于石蜡中，在高速搅拌下将水相溶液逐滴加入油相中，搅拌数小时后形成淀粉纳米球，再经离心、数次洗涤、干燥后得到样品。

4. 水凝胶或纳米凝胶的制备

可以采用物理或化学交联的方式制备淀粉水凝胶。在 γ 射线辐照下制备淀粉/甲基丙烯酸水凝胶，发现淀粉和甲基丙烯酸浓度及两者配比、辐照剂量对凝胶化过程均有影响。水凝胶的制备过程为，将淀粉与甲基丙烯酸溶于水，用 ^{60}Co γ 射线进行照射使体系发生接枝共聚及交联反应，之后用水洗涤去除未反应的组分，室温干燥后得到凝胶材料。药物的负载可采用浸泡方式，将干态的淀粉/甲基丙烯酸凝胶室温浸泡在含有酮洛芬的饱和溶液中直至达到平衡。

在制备具有半互穿网络结构的淀粉接枝丙烯酸/聚甲基丙烯酰氧乙基三甲基氯化铵水凝胶的过程中，交联剂用量、淀粉接枝丙烯酸与聚甲基丙烯酰氧乙基三甲基氯化铵比例对制备凝胶的溶胀性能会产生影响。首先将甲基丙烯酰氧乙基三甲基氯化铵在过硫酸铵引发下反应得到均聚物，然后将阳离子化淀粉溶于水，再依次加入中和后的丙烯酸单体、聚甲基丙烯酰氧乙基三甲基氯化铵，搅拌得到澄清溶液后，加入一定量的 N,N'-亚甲基双丙烯酰胺作为交联剂、过硫酸铵作为引发剂，反应完成之后用水洗涤去除未反应的单体和可溶物，最后干燥至恒重得到凝胶样品。

制备淀粉/黄原胶复合水凝胶体时，首先需将淀粉分散于水中后，再加入一定比例的黄原胶加热搅拌，之后冷却至反应温度用 NaOH 将溶液调至碱性，加入一定量的三偏磷酸钠和硫酸钠反应，之后用 HCl 将 pH 值调至中性，并经离心、干燥后得到干态凝胶。凝胶膜的制备则是将干态凝胶重新分散在水中形成均匀的水凝胶后超声消泡，倒入模具中于室温干燥后便可得到样品。

为了将小分子凝胶因子的概念引入淀粉多糖体系中，研究人员以二甲基亚砜为溶剂，将支链淀粉溶于其中，然后用溴代十二烷与之反应合成两亲性淀粉凝胶因子。将该凝胶因子室温溶于水中后便可快速凝胶化，由于无需外加交联剂，凝胶材料可用作蛋白药物的传输载体。其载药过程也较为简单，只需将凝胶因子加入到蛋白溶液中便可将其原位包覆。

（二）淀粉基药物释放载体的性能

1. 片剂的性能

药物与淀粉基体之间的相互作用强弱、片剂的孔隙率和淀粉颗粒尺寸是影响其药物释放性能的主要因素。分别以嘌呤醇、甲硝唑、阿昔洛韦、对乙酰氨基酚、水杨酰胺和茶碱为模型药物，以取代度为 2.7 的淀粉醋酸酯为赋形剂制备了药片。结果表明，淀粉颗粒尺寸及孔隙率变化会明显影响其药物释放性能，当孔隙率固定时，药物释放速率会随着淀粉颗粒尺寸的增大而加快；而当淀粉粒径固定时，孔隙率的增加会加速药物的释放，但是不同药物受影响的程度有所不同。药物结构对释放行为的影响程度低于淀粉颗粒尺寸及片剂的孔隙率所造成的影响。但仍然可以看出，当药物的疏水性足够强时（如水杨酰胺），它与淀粉基体间的相互作用也相对较强，因此无论淀粉颗粒尺寸及片剂的孔隙率如何变化，其释放速率所受影响的程度较小，远不及其他药物明显。除药物性质外，淀粉自身的组成也是需要考虑的重要因素之一。在溶解性能上，几乎不含直链淀粉的蜡质玉米淀粉的吸水能力比普通玉米淀粉和高直链玉米淀粉强，经羟丙基化改性后，蜡质玉米淀粉几乎完全溶于水中，而普通玉米淀粉和高直链玉米淀粉则在吸水量上均有提高。与蜡质玉米淀粉相比，普通玉米淀粉和高直链玉米淀粉片剂的孔隙率较高，当羟丙基化后，两者的孔隙率有所减小且随着取代度的增加下降幅度增大，但蜡质玉米淀粉片剂的孔隙率则基本不发生变化。由于孔隙率的降低，羟丙基化的普通玉米淀粉和高直链玉米淀粉可使盐酸普萘洛尔在水中或模拟胃肠道环境中的释放速率降低，释放时间延长；而羟丙基化的蜡质玉米淀粉由于水溶性增加，因此药物在水中的释放速率加快，在模拟胃肠道环境中的释放行为则与改性前淀粉体系一致。

将木薯淀粉及其共聚物用作无水茶碱缓释片的赋形剂时，淀粉共聚物表现出比原淀粉更好的药物控释性能。由于共聚物为惰性基质，药物的释放主要依靠扩散作用，而木薯淀粉和羟乙基木薯淀粉片剂则无法实现对药物的缓释，药物在 50min 内便已完全释放。与羟乙基木薯淀粉接枝聚甲基丙烯酸乙酯相比，木薯淀粉接枝聚甲基丙烯酸乙酯与药物的相互作用更强，释放速率相对较低。此外，干燥方式和制备药片时的压力也会影响其释放速率，对于羟乙基淀粉接枝聚甲基丙烯酸乙酯而言，在真空烘箱中干燥或增加压片压力均有利于延缓药物的释放，这可能与其孔隙率较高有关；但木薯淀粉接枝聚甲基丙烯酸乙酯片剂的尺寸较小，因此压力或干燥方式的改变并不会对其药物释放性能造成太大影响。

将淀粉进行接枝共聚、交联改性后其缓释性能可得到明显提高。研究表明，当 N, N'-亚甲基双丙烯酰胺作为交联剂时，其用量在 $0.5\% \sim 1.0\%$ 时得到的改性淀粉赋形剂的药物控释性能最佳，药物主要依靠扩散作用向外释放且释放速率较为恒定。值得注意的是，将牛血清蛋白作为模型药物时，其在酸性较强的环境中的释放速率较慢（累计释放率不足 10%），说明该载体可以实现蛋白的结肠靶向释放功能。此外，改性淀粉作为蛋白药物的赋形剂时，蛋白的构象得到了很好的保持，说明其活性未在 pH 值较低的胃液环境中遭到破坏。

2. 胶束的性能

将月桂酸、棕榈酸和硬脂酸分别与羟乙基淀粉进行酯化反应，在相同的脂肪酸/淀粉葡萄糖单元物质的量之比条件下，棕榈酸的摩尔取代度最高、月桂酸次之，而由于室温下硬脂酸在反应介质中的溶解度较低，需升温至 40℃ 反应，造成二环己基碳二亚胺/二甲氨基吡啶的催化活性略有降低，因此其取代度最低。通过溶剂挥发法制备胶束纳米粒子时，只有取代度为 8.7% 和 10.3% 的羟乙基淀粉接枝月桂酸可以形成较为稳定的胶束，其粒径仅为 $20 \sim 30$nm。

以丁基缩水甘油醚作为淀粉的疏水改性试剂可以合成出两亲性淀粉衍生物。该衍生物具有温度敏感特性且其低临界溶解温度可以通过控制侧链取代度予以调控。随着取代度的增加，低临界溶解温度逐渐向低温方向移动。疏水链的引入有利于提高胶束的稳定性，体系的临界胶束浓度随着取代度的增加而明显降低，说明两亲性淀粉可在更小的浓度下聚集形成稳定的胶束。当取代度为 0.32 时，浓度为 10mg/mL 的改性淀粉在低临界溶解温度以下可以自组装形成粒径小于 100nm 的胶束，但在低临界溶解温度以上胶束间会进一步聚集，形成尺寸更大的聚集体。体外药物释放结果表明，在低临界溶解温度以下胶束的药物释放速率较为缓慢，释放 90h 后仍有超过 60% 的药物未释放出来，而当温度高于低临界溶解温度时药物释放速率明显加快，40h 后累计释放率便可达到 80%，说明该温敏胶束可以在一定程度上实现药物的温控释放功能。

3. 微球或纳米球的性能

以淀粉为基体，通过反相乳液法制备表氯醇、甲醛或戊二醛交联的微球材料。交联剂类型及交联时间对淀粉微球的形貌有明显影响。以环氧氯丙烷为交联剂时，其用量变化对淀粉微球的尺寸影响并不明显，但进一步用甲醛或戊二醛交联后微球的尺寸会明显增加。交联时间的延长也会使微球的尺寸明显增加。此外，负载药物后，微球的尺寸也有一定幅度增加且提高幅度与载药量有关。微球的溶胀性能与其交联密度间有密切的关联性，交联时间对微球溶胀率的影响不大，说明交联反应速率非常快，初步交联 4h 后便已反应完全，二次交联 1h 后也已达到平衡。二次交联可使微球的溶胀率明显降低，从 60% 左右降至 40% 以下。甲醛的交联效果高于戊二醛，经甲醛交联的微球的溶胀率可低至 30% 以下。以戊二醛作为交联剂得到微球的表面较为光滑、药物释放速率较慢。二次交联及戊二醛交联剂用量对微球的药物释放速率会产生明显影响。用甲醛或戊二醛二次交联后，微球的药物释放速率明显减缓，并且交联剂用量越大，制得微球的药物释放速率越慢。

采用超声法在混合溶剂中对淀粉进行处理可以制备尺寸为几百纳米的微球，该微球可用于蛋白药物的负载和传输。载药过程中，药物用量的增加可使微球的药物负载量提高。药物释放结果表明，48h 内几乎没有检测出药物被释放出来，说明该微球稳定性非常高，在没有刺激作用时药物可以较好保存于载体之中。

利用双乳化可制备出淀粉基生物黏附微球，用该微球对抗癌药物进行负载和传递可以降低药物对正常组织的毒副作用。药物释放结果显示，5-氟尿嘧啶在胃和小肠部位的释放量较低，而在大肠部位的释放量明显较高，药物的释放主要是由微生物、酶、酸和碱对淀粉的降解作用所致。此外，该微球具有较好的黏膜黏附性能，可作为结肠靶向药物的输送载体。

单乳化法是制备实心微球的常用方法，制备过程中的多重因素均会影响形成微球的粒径。油/水相比例的增加会使微球粒径先减小后增大，最小粒径可达到 90nm；乳化剂用量的增加可使微球粒径降低，但超过一定用量其影响不再明显；微球粒径与制备过程中淀粉的用量呈正相关关系，随着淀粉用量的增加而逐步增大；交联剂用量的提高则会使微球的网络结构更为致密，收缩程度增大，粒径变小。在载药性能上，由于在 pH 值为 6.0 条件下牛血清蛋白带负电，而骨形成蛋白-4 带正电，所以同一阳离子淀粉微球对牛血清蛋白的负载率较高；对于牛血清蛋白而言，交联剂用量较高时制得微球的药物负载率较低，这是因为交联程度的增加会使微球的结构更加紧密，药物难以扩散至其中。从药物释放结果来看，因为骨形成蛋白-4 与载体间的结合能力较差，它的释放速率最快，其释放主要依靠自身的快速扩散作用；而牛血清蛋白的释放速率相对较慢，且随着交联剂用量的增加而加快。药物负载和释放的示意图如图 2-10 所示。

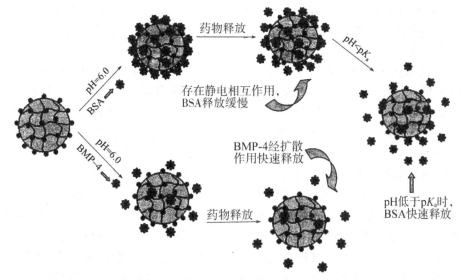

图 2-10　阳离子淀粉微球对牛血清蛋白和骨形成蛋白-4 的负载和释放示意图

4. 水凝胶或纳米凝胶的性能

将淀粉与甲基丙烯酸在水中溶解后，利用 γ 射线照射后可使体系发生共聚、交联反应得到水凝胶。在凝胶化过程中，淀粉用量的变化基本不会影响共聚单体的转化率和凝胶率，但甲基丙烯酸浓度的提高可以增加其转化率和凝胶率；提高照射剂量不会明显影响单体的转化率，但凝胶率略有提高。在溶胀性能方面，当共聚单体浓度或辐照剂量较低时，所得水凝胶的溶胀率和溶胀速率相对较高。由此说明，当共聚单体浓度较低时形成的网络结构不够致密，交联密度较低，网络中存在大量的孔洞且自由体积较大，所以大量水分子可以扩散至凝胶内部并通过氢键作用被保存下来。与之类似，辐照剂量较低时体系交联程度不足，溶胀率相对较大。该凝胶还具有明显的 pH 响应性，在酸性条件下（pH 值为 1），其溶胀率较低，无法有效结合水分子，但在中性环境中（pH 值为 7）羧基的去质子化使得聚合物分子的亲水能力增强，溶胀率大幅度提高。将该凝胶材料作为酮洛芬的载体时，其释放结果表明，在 pH 值为 1 的环境中，药物前 3h 内基本不释放，因为在此条件下凝胶的溶胀率较低，一旦进入中性环境中后，药物便快速释放出来。在中性条件下药物的释放速率也与水凝胶的溶胀性能密切相关，共聚单体用量及辐射剂量的增加均有利于延缓药物的释放。

具有半互穿网络结构的水凝胶材料的溶胀性能可通过多重因素予以调控。提高交联过程中的交联剂用量可以使水凝胶的溶胀率明显降低，从 0.03% 时的接近 2000g/mL 减少至 0.07% 时的不足 1200g/mL。淀粉接枝聚丙烯酸与聚甲基丙烯酰氧乙基三甲基氯化铵的质量比也会明显影响凝胶的溶胀性能，随着聚甲基丙烯酰氧乙基三甲基氯化铵用量的增加，溶胀率表现出现先上升后降低的趋势。当两者比例为 90：10 时，凝胶的溶胀率达到最大值；当该比例高于 60：40 时，凝胶具有明显的 pH 值响应溶胀性能，溶胀率随着 pH 值的增大先升高后降低，pH 值为 6.0 时溶胀率最大；而当该比例为 50：50 时，所得凝胶的 pH 值响应性基本消失，这是因为阳离子聚合物的引入，导致两性水凝胶中不同带电基团之间存在竞争所致。

用长链烷烃对淀粉进行改性可以得到两亲性淀粉凝胶因子，该凝胶因子在水中可以快速凝胶化，而相同浓度的未改性支链淀粉只能形成溶液。流变学测试发现，支链淀粉的凝胶点为 3.0%，而淀粉凝胶因子的凝胶点仅为 0.6%；疏水化改性后体系的流动指数有所降低且与浓度呈依赖关系。改性淀粉形成凝胶的网络结构更为致密，其分形维数从改性前的 1.98 提高至 2.35。支链淀粉在浓度低于 0.1mg/mL 条件下不会产生聚集，而改性淀粉的临界聚集浓度为 3.0×10^{-3}mg/mL。由于凝胶化过程非常温和，将其作为蛋白药物的载体时，即使温度达到 90℃ 也可以保持蛋白的构象不变，但未经负载的原蛋白超过 45℃ 便开始变性。药物释放结果表明，该凝胶可以实现对蛋白药物的缓慢释放，累计释放速率随着药物负载量的增加而逐渐降低，符合扩散和溶胀共同作用下的释放机理。

第五节　淀粉基生物降解材料的工业现状与展望

全世界生产变性淀粉较大的公司有 CPC 国际公司、美国国家淀粉和化学公司（NSCC）、日本 CPC-NSK 技术株式会社、荷兰 AyEBE 公司、德国汉高公司等。我国虽然已经能够生产各种变性淀粉，如预糊化淀粉、氧化淀粉、交联淀粉、醚化和酯化淀粉以及淀粉糖等，但是规模都较小，无法和国外的大公司相提并论。

在美国，变性淀粉主要应用于造纸行业，占总用量的 66%，其次是医药、洗涤、建筑等行业，占总用量的 19%，在食品和纺织领域的应用各占7% 和 8%。我国变性淀粉行业起步较晚，生产的产品种类和质量不能适应市场需求。国外玉米变性淀粉已经开发出 3000 多个品种，而我国已经开发出的品种不到 100 个，主要是低端产品，如预糊化淀粉、氧化淀粉、酸化淀粉、醋酸淀粉酯以及阳离子淀粉等。高端产品缺乏，如淀粉接枝共聚物、羧甲基淀粉、琥珀酸淀粉酯等，多数依赖进口。此外，变性淀粉在应用上也多局限在造纸、纺织和食品等领域。据调查，我国变性淀粉在造纸行业中应用量最大，占总消耗量的 50% ~ 60%，在食品（方便食品、肉类、酸奶、冷冻食品等添加）和纺织领域应用各占 19% 和 10%。而在医药、石油、建筑、污水处理以及生物可降解塑料等领域的应用仍然很少。

虽然我国在变性淀粉生产和研发上落后发达国家将近 40 年，但是淀粉基生物可降解塑料的研发几乎与欧美等国同步。淀粉基材料被开发成可降解的包装材料、一次性餐具、薄膜和垃圾袋等，其中将淀粉与合成树脂或其他天然高分子共混的淀粉基材料是目前商业上开发最为成功的降解塑料。按照材料最终降解情况，淀粉基生物可降解塑料主要分为"崩解"型和全生物可降解型两种。开始于 20 世纪 70 年代的崩解型淀粉基降解塑料，大多数是由不完全降解的高分子组分和淀粉共混而成，使用废弃后，埋在土壤中或直接在阳光、微生物作用下，大部分仍残留相当长的时间，仅是混入其中的淀粉发生了生物可降解，而混入的不能生物可降解的合成高分子（如聚乙烯等）并没有降解。因此，近年来各国普遍将研究重点转向尽可能提高淀粉含量的降解塑料上来，开发出一些性能优异的可完全生物降解材料。

淀粉与聚烯烃共混材料是目前使用最为广泛的降解塑料，其中淀粉含量可达到 40% ~ 60%。最早商业化的代表性产品有加拿大 St. Lawrance 公司的"Ecostar"和美国 ADM 公司的"Polyclean"，后来受关注的程度越来越小。据报道，Ecostar 以母料形式出售，含 12% 或 6% 淀粉的聚烯烃薄膜能分别在 6 个月或 3 年内崩解；而 Polyclean 是淀粉和聚乙烯共混物采用吹塑加工制成的，可在 9 个月至 2 年内分解。但上述两种产品的共同缺点是与淀粉进行共混的聚烯烃不能生物降解，上述公司也相继被并购或倒闭。

目前，市场上最为成熟的淀粉基完全生物可降解塑料产品，是将淀粉与可降解树脂进行共混而制备的。意大利 Novamont 公司开发的 Mater-Bi 塑料系列产品具有良好加工性能、二次加工性、优良的力学性能和生物可降解性。其中，Mater-Bi-A 级的产品是将乙烯-乙烯醇共聚物（EVOH）连续相和淀粉分散相进行物理交联形成的高分子合金。由于两种成分都含有大量的羟基，产品具有亲水性，吸水后力学性能会降低，但不溶于水，降解周期为 2 年。Mater-Bi-Z 级的产品是淀粉与聚己内酯（PCL）的共混物，可以吹塑成农地膜、包装膜等膜产品，降解周期为 20～45 天。Mater-Bi-Y 级的产品是以淀粉和纤维素（或其衍生物）为主要原料制备的，可以注塑成型，主要用作餐具、花盆、高尔夫球座等，堆肥条件下 4 个月内可以降解。由于 Mater-Bi 产品价格较高，限制了其广泛应用。目前 Novamont 公司将淀粉和对苯二甲酸-己二酸-丁二醇共聚酯进行共混，以期获得价格适宜、又完全生物可降解的树脂，这种树脂主要用于生产薄膜制品。

目前淀粉材料在欧美国家已经得到广泛应用，其应用范围不仅局限在传统的造纸、纺织、食品等领域，同时在工业废水、日用化工、石油化工、生物可降解塑料等行业的使用量也日益增加。与其相比，我国不仅变性淀粉产量低，品种短缺，而且所生产的变性淀粉品质差，高端产品都需要从国外进口。在我国，变性淀粉的生产不仅技术较落后，而且生产工艺和设备严重滞后，多数为间歇法和半干法生产线，缺少自动控制连续化生产线。而与此相对的是，我国对变性淀粉的需求巨大。因此，对于变性淀粉，我国除了要加大生产量之外，还要加强技术升级和换代，提高变性淀粉的品质，扩大淀粉的品种，多生产具有高附加值的产品，这样才能满足我们对变性淀粉日益广泛的需求。

由于聚乳酸原料可再生，在国际和国内都实现了产业化生产，是最具发展潜力的生物基高分子之一。随着聚乳酸生产规模的不断扩大，其价格也不断下降，尤其是聚乳酸/淀粉共混体系的成本能得到大幅度降低，具有广泛的市场前景，国内应加大力度尽快开发出具有国际竞争力的自主品牌的产品。

淀粉在生物医药领域主要作为稀释剂、片剂的赋形剂、手套润滑剂、代血浆和冷冻血细胞保护剂以及崩解剂等使用。其中，通过酶解方法制备的多孔淀粉，无需缝扎即可作为止血材料使用。由于具有无免疫反应，无过敏性反应，无排斥反应以及无毒性等优点具有很好的发展潜力，现在只有美国一家公司生产并销售（商品名为 Arista）。此外，由表氯醇交联淀粉制备的含有碘分子的淀粉伤口敷料（商品名为 Iodosorb），不仅可以吸收伤口液体，而且可以持续、缓慢释放碘分子，对于下肢腿肉溃烂、褥疮溃疡以及糖尿病皮肤溃烂等慢性伤口愈合具有很好的疗效。近些年来，随着药物控释和组织工程技术的发展，淀粉作为药物释放载体以及组织工程支架的研究日益广泛，但是国内外目前都缺乏工业化的品种。因此，如果能够尽快将科研成果转化为实际产品，将会迅速占领国内外市场，产生较大的社会和经济效益。

生物降解塑料的潜在市场是巨大的，随着环保意识的增强和环保法规的完善，生物降解聚合物市场仍将迅速扩大，尤其是在塑料薄膜、包装材料、医用材料等领域的应用。美国密歇根州立大学的 Narayan 博士认为，包装材料将是生物降解塑料最主要的潜在市场。如在化妆品、购物袋、垃圾袋、堆肥袋及一次性餐具等方面的应用，特别是美国的庭园废弃物需大量的堆肥降解塑料袋。日本生命大学工业技术研究所常盘中博士认为，日用品、园艺用品、农林业生产资料、肥料及农业的缓慢释放基材及一次性医用材料等都会大量使用淀粉塑料，或其他可生物降解材料。

我国在淀粉基降解塑料技术方面与国外的差距较小，只是由于成本较高，致使国内的需求少，产品主要面对国外市场。但是从 2008 年开始，淀粉基塑料制品市场需求逐渐增加，一度出现供不应求局面。除国外市场持续增长外，国内市场也有较大起色。近来国务院已经出台并实施了《促进生物产业加快发展的若干政策》，而非粮淀粉基材料作为生物质来源的、具有可再生性能的材料日益受到国家的重视，并得到政策的扶持。相对于普通塑料，来源于可再生资源的淀粉基材料可降低 50% ～ 80% 石油资源的消耗，减少我们对石油资源的依赖。随着我国经济的转型，为了满足可持续健康发展的迫切需求，对可再生资源的利用与开发必然会越来越受到重视，因此淀粉基降解塑料的研发与生产也必将迈上一个新台阶。

第三章 聚乳酸材料及应用

PLA 属于脂族聚酯，为线型脂肪族热塑性聚酯，源于 2-羟（基）酸，分子结构如图 3-1 所示。其构成单元 2-羟（基）丙酸有 D-和 L-旋光光学异构对映体两种。旋光异构对映体所占比例不同，得到的 PLA 性能也不同。这样就可以制备性能各异的 PLA，以满足不同的应用要求。与已有的石油基塑料相比，PLA 具有非常好的光学性能、物理与力学性能以及阻透性能。总的来说，PLA 具有所需的力学性能和阻透性能，是一些应用的理想材料，可以与已有的石油基热塑性聚合物竞争。

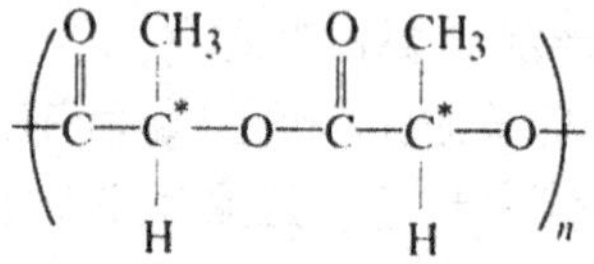

图 3-1 聚乳酸分子结构图

已商业化的 PLA 是聚 L-丙交酯与内消旋丙交酯或 D-丙交酯的共聚物。D-对映异构体的量影响 PLA 的性能，如熔点、结晶度等。PLA 具有良好的力学性能、热塑性和生物降解性，而且易于加工，因此是一种可广泛应用、前景光明的聚合物。将 PLA 燃烧，也不会产生氧化氮气体，而且产生的燃烧热只有聚烯烃的三分之一，不会对焚化炉造成破坏，节能巨大。所以应增加对 PLA 各种性能的认识，掌握如何提高这些性能使其能够采用热塑性塑料技术加工满足最终要求，以提高人们对 PLA 的商业化兴趣。

第一节 聚乳酸的降解性能

一、水解降解

聚乳酸作为一种环境友好型的脂肪族聚酯，具有良好的生物相容性，优良的加工性能和可降解性，容易水解降解（与芳香族聚酯如 PET 相比）。聚乳酸的水解降解过程、降解速率和机理取决于材料本身的性质和水解条件，材料本身的性质包括分子结构、结晶度、分子量大小及其分布和立构规整度等；水解条件包括温度、pH 值和催化剂的种类（强碱或酶）等。因此可以通过改变这些因素来控制聚乳酸的水解降解过程、速率和机理。聚乳酸的水解降解应该根据聚乳酸的实际用途来进行调控。鉴于聚乳酸在体内的水解和体外的水解速率有一定的相似性，因而一定程度上可以利用聚乳酸在体外的水解降解过程和速率来探索其在体内的水解降解过程和速率，从而可以根据聚乳酸的不同用途，将其制成具有不同水解降解速率的材料。聚乳酸用作生物医用材料，应该选择具有与组织器官愈合速率相匹配的降解速率的材料。若是作为药物基材，则应在保持最适宜降解速率的同时还能使人体内的药物浓度维持在恰当的范围。同样，若水解降解聚乳酸是为了获得乳酸，最佳的水解条件则应该使水解降解速率、乳酸产率和光学纯度达到最大值。光学纯度是影响聚乳酸物理及力学性能的一个关键因素，光学纯度下降会导致聚乳酸的物理及力学性能下降。而且水解降解速率和乳酸的产率也决定了回收过程的成本和对环境的影响。聚乳酸在自然界微生物、水、酸、碱等的作用下能完全分解产生 CO_2 和 H_2O，对环境无污染，可作为环保材料替代传统的石油基聚合物材料。同时，它在人体内的中间产物对人体也无毒性。但在商品和工业化应用方面，水解降解有时对聚乳酸的力学性能是不利的。

（一）降解机理

图 3-2 给出了聚乳酸线型均聚物和共聚物的分子结构，这些聚合物具有足够长的单体序列，所以通常容易结晶，形成半结晶性聚合物。同时，这些聚合物均属于脂肪族聚酯类，所以其酯基会按如下反应进行水解：—COO—+H_2O→—COOH+—OH。从不同的角度看，降解机理可分为材料降解机理和分子降解机理。

（1）材料降解机理。聚乳酸是一种脂肪族聚酯，其降解可分为简单水解（酸碱催化）降解和酶催化降解。从物理角度看有均相和非均相之分，均相降解发生在聚合物内部，而非均相降解则发生在聚合物表面。当表面材料的水解降解速率不及水的扩散速率快时，水解按照本体侵蚀机理进行，此时材料的水解降解都是均一的，与材料表面厚度无关。本体侵蚀机理认为聚乳酸降解的主要方式是本体侵蚀，其根本原因是聚乳酸分子链上酯基的水解。聚乳酸类聚合物的端羧基对其水解有催化作用，随着降解的进行，端羧基量增加，降解速率加快，从而产生自催化现象。一般的，聚乳酸的内部降解比表面降解快，这是由于带端羧基的降解产物滞留在样品内产生自加速效应。相反地，当材料表面与水接触时，若水解降解速率大于材料内部的水分子或催化剂分子的扩散速率，降解过程按照表面侵蚀机理进行。

此时，水解降解似乎仅仅在材料的表面进行，因为表面的水解降解速率比内部的要高很多。材料的厚度是决定水解降解机理的一个重要因素，可以推测，当材料的厚度超过标准厚度的时候，水解降解机理从本体侵蚀机理转变为表面侵蚀机理。还有研究发现，左旋聚乳酸接枝羟基乙酸共聚物 P（LLA-co-GA）多孔试样在中性条件下的水解降解过程中，本体侵蚀和表面侵蚀的降解周期分别短于和长于 12 周，即降解周期因降解机理的不同而不同。

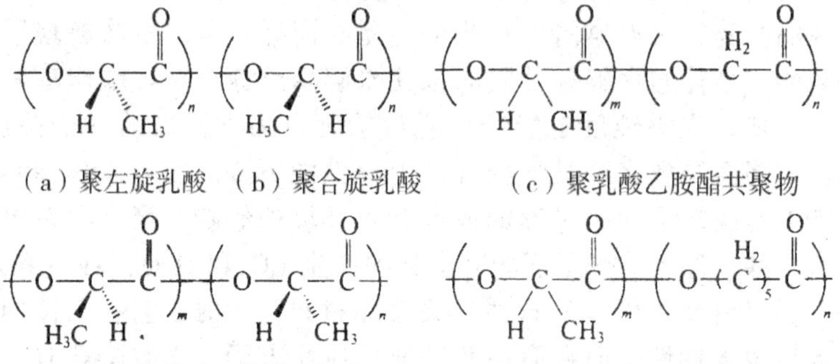

（a）聚左旋乳酸 （b）聚合旋乳酸 （c）聚乳酸乙胺酯共聚物

（d）聚乳酸立体共聚物 （e）聚乳酸乙内酯共聚物

图 3-2 聚乳酸线型均聚物和共聚物的分子结构

（2）分子降解机理。从化学角度看，聚乳酸的降解主要有 3 种方式：①主链降解产生低聚体和单体；②侧链水解生成可溶性主链高分子；③交联点裂解生成可溶性线型高分子。与酶促降解反应显著不同，只要聚合物只由一种单体组成，酯基的位置就不影响聚乳酸的水解。但也有特殊情况，如对于固态下无定形态的消旋聚乳酸在酸性条件下的水解，末端酯基比中段酯基更易水解。末端酯基和中段酯基的水解分别被称为链外裂解和链内裂解。聚乳酸在溶液中的裂解机理取决于介质的 pH 值。在酸性条件下，H^+ 与链端基形成较稳定的五元环；然而在碱性条件下碱催化了—OH 的回咬形成乳酰基二聚体单元，再进一步水解形成乳酸；对于中性水解条件下的情况，研究者利用乙酰化和非乙酰化的乳酸低聚体和甲基丙烯酸羟丙酯酯化，发现羟基封端的乳酸低聚体是经过回咬裂解形成二聚体，乙酰化左旋乳酸低聚体经无规链的裂解产生。

随着共聚单体或其他聚合物链段的引入，聚乳酸倾向于进行选择性降解。最具有代表性的例子是在 PLGA 中连接羟单元的酯基的选择性裂解，羟单元的脱除占主导，导致水解过程中 GA 单元含量的减少。相比于连接在乳酰基上的酯基，对 PLLA、PEO 和 PLLA 的三嵌段共聚物，连接在 PLLA 和 PEO 上的酯基在早期优先水解。研究发现在中性环境下，PDLLA-b-PEP 中的 PEP 与乳酰连接基先降解，然后乳酰-乳酰基才裂解。因此，PLLA-*b*-PEO-*b*-PLLA 和 PDLLA-*b*-PEP 的早期水解降解速率比后期的快。接枝聚合物的水解降解机理取决于其溶解度，低聚 OLLA 接枝葡聚糖的水解降解机理就取决于接枝共聚物在水介质中的溶解度。无论是水溶性和非水溶性接枝共聚物的水解降解，其共同点都是最大量的葡萄糖在最先开始的两周内被水解释放出来。此外，研究还发现，葡聚糖接枝 PLGA 中酯基的裂解机理会随着葡聚糖所带电荷的种类不同而不同。即带正电的氯化二乙氨基乙基葡聚糖接枝聚乳酸羟基乙酸共聚物在酯基官能团部位随机裂解，对于带负电的葡聚糖硫酸酯钠接枝聚乳酸羟基乙酸共聚物中却是酯基的裂解在接枝点附近占主导。

在水解降解过程中，低分子量的水溶性低聚体和单体在链的裂解过程中形成后，从母体材料中脱落导致材料的质量减少。这种水溶性乳酸低聚体以及单体的聚合物都可以通过高效液相色谱或核磁共振中的化学位移来测量。

（二）水解降解的影响因素

水解降解过程、速率和机理受材料本身的性质和介质条件的影响。材料本身的性质包括分子量及其分布、分子的立构规整性、结晶度、添加物（包含其他聚合物、纤维）、材料的形态，介质条件有催化剂的类型及浓度、其他溶质、温度、pH 值、介电常数以及微生物的类型和浓度。

（1）介质条件的影响。

①pH 值。聚乳酸的水解降解实际上是酯基的水解，其水解过程是在 H^+ 和 OH^- 的催化作用下进行。在碱性介质中高浓度的 OH^- 会强烈地促进聚乳酸基材料酯基的水解朝正反应方向进行。配制 pH 值为 7.4 的弱碱性模拟体液，pH 值为 4.8 和 10.28 的酸碱缓冲溶液，将平均分子量为 29980 的 PLLA 薄膜分别投入到 3 种溶液中，结果发现聚乳酸在 3 种溶液中均发生降解现象，且降解程度为中性溶液<酸性溶液<碱性溶液。通过研究 pH 值范围为 0.9~12.8 的水溶液中聚乳酸的降解情况，GPC 和 DSC 结果表明，残余结晶的水解降解从 pH 值背离 7 时开始加速，说明氢离子和氢氧根离子的接触对结晶的水解降解有影响。水解降解速率和氢离子、氢氧根离子的浓度关系显示氢离子对水解的加速影响比氢氧根更强。在高和低 pH 值时，PLA 的水解降解都有明显的增强。

对于单层水解，PDLLA 和 P（DLLA-GA）的水解降解在较低 pH 值和较高 pH 值的情况下都会增强，而且在高 pH 值下不会观察到明显的端盖效应。与碱性介质相似，酸性介质也会加速聚乳酸基材料的水解降解过程。

但当聚乳酸的分子量超过 10 万时，酸性介质的加速效果没有碱性条件下那么明显。

②温度。水解温度 T_h 可以被分为 3 段：$T_h < T_g$、$T_g \leqslant T_h < T_m$ 和 $T_m \leqslant T_h$。通过追踪聚乳酸的力学性能变化发现：中性条件下的水解速率会在水解温度超过 T_g 时显著增加；当水解温度超过 T_m 时，晶态聚乳酸的水解降解机理会发生变化，聚乳酸晶区融化消失，然后在熔融区域发生均匀水解，这时的降解过程与非晶态的 PDLLA 所发生的水解降解是一样的。图 3-3 给出了 97℃时固态结晶 PLLA 薄膜水解过程中 GPC 曲线随着时间的变化趋势。如同 37℃的水解一样，聚乳酸分子量分布峰整体向低分子量方向移动，只是在 24h 时，由于残余晶区的存在，使得部分分子量为 1 万左右的聚乳酸分子链得以暂时保留。根据研究发现，通过下面的方程可以计算出图 3-4 中所示的 PLLA 水解降解速率常数（K）与熔点的关系曲线，以及羟基酸、二元醇、二元羧酸衍生出的生物可降解聚酯的水解降解速率常数和熔点的关系曲线：

$$\ln M_n(t_2) = \ln M_n(t_1) - K(t_2 - t_1)$$

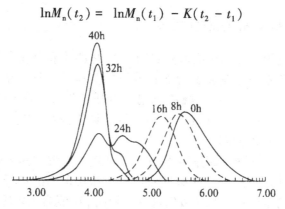

图 3-3　晶态 PLLA 薄膜在固态下 97℃时水解后的 GPC 曲线图

从图 3-3 中可发现，常见的生物可降解亲水性聚酯 PLLA 至少在 180～220℃温度范围内有最大的水解速率常数 K。这表明 PLLA 是所有生物可降解聚酯中水解速率最快的（图 3-4）。

（2）材料本身性质的影响。

通过改变水解条件可以实现对水解降解机理、过程和速率的有效控制。换言之，当在生物医用和环境应用中利用聚乳酸的水解降解功能时，必须严格控制这些材料参数。在接下来的部分，除非有特殊说明，水解的条件都默认为温度 37℃和 pH 值为 7。

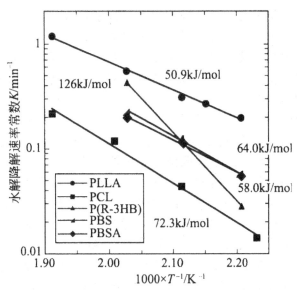

图 3-4　PLLA、P（R-3HB）、PCL、PBS 和 PBSA 熔融时的 Arrhenius 曲线

①分子结构。

a. 立构规整度。由于 L-型乳酰基单元中 D-型乳酰基单元的引入会使立构规整度更低，反过来增加 PLA 在中性和碱性条件下的水解，因为低的链规整度的 PLA 导致无定形区域聚合物母体中大量水的供应。即使大约1%的 D-型乳酰基单元的引入也会加快中性条件下 PLLA 的水解降解过程。通过研究 PLLA、PDLLA、PDLA、P（L/DL）LA 的降解速率发现，在碱性条件下降解速率为 PDLA（PLLA）>P（L/DL）LA>PDLLA，PDLLA 由于甲基处于间同立构或无规立构状态，对水的吸收速率较快，因此降解较快，而对 PLLA 及 PDLA 来说水解降解分为两个阶段：第 1 阶段水分子扩散进入无定形区然后发生水解；第 2 阶段是晶区的水解，相对来说较为缓慢。研究发现在中性条件下 P（DLLA-*co*-GA）（75/25）比 P（LLA-*co*-GA）（75/25）的水解降解速率快很多，表明规整度的高低会影响水解过程。利用分子模型可以解释等规共聚物 P（LLA-DLA）的抗水解降解性能受聚合物中 L-和 D-乳酰基的百分比及它们的排列情况（嵌段或无规）的影响。有报道称在具有最长的 L-型和 D-型乳酰基单元嵌段的等规共聚物中，那些含有 50% 的 L-型乳酰基单元的共聚物具有更好的水解降解抵抗性，而且和含26%、74% 的乳酰基单元的等规共聚物相比在水解之前更稳定。可以从等规共聚物水解降解所形成的更稳定性的立构络合物的数量进行解释；嵌段等规共聚物中等规络合物的含量比无规共聚物高，而且在含有 50% 的 L-型乳酰基单元的嵌段等规共聚物中等规络合物的数量是最大的。

  b. 分子量。除单体单元的结构之外，分子量应该是决定水解降解过程和速率的最重要因素。有研究者认为水解是无规则的，每个酯键都可能被水解，分子链越长，被水解的部位越多，分子量降低得也越快。分子量降低，端基数目增多，是直接加速其降解速率的原因之一。研究发现共聚对于水解降解的影响非常显著，而分子量的影响却非常小，至少在分子量为 4×10^5 时是成立的。但当分子量更低时，分子量对 PDLLA 的水解降解却很重要。这可以用分子量减少的 4 个因素来解释：第一，分子的运动性增加；第二，水解降解过程中水溶性低聚物和单体形成的可能性增加；第三，水解降解过程中端羧基和羟基的浓度升高；第四，起催化作用的端羧基的浓度增大。因素一和三增加了水扩散的速率和量，加速了水解降解过程。因素一~四对于分子量低于 10^4 时 PLA 的水解降解过程影响显著。

  c. 接枝。通常接枝被认为能够促进水解降解过程，因为接枝会增加每一个单元内亲水性和具有催化效应的端基数量，而端基是回咬形成乳酸的位点。通过研究线型和接枝 PLA 的水解降解过程，发现接枝 PLA 在早期的水解降解速率比线型 PLA 低，但在后期水解降解速率比线型 PLA 高。通过比较具有相似总分子量（GPC 测量）的 PLLA 发现，六支化的肌醇共引发 PDLLA 对于碱性条件下的水解降解过程没有影响，但二十二支化的聚甘油共引发 PDLLA 会促进碱性条件下的水解降解过程。

  d. 端基。共聚物的端基改性可以按照共聚物的类型来划分。亲水性的端基（羟基或羧基）具有降解催化加速效应（羧基），可作为回咬形成乳酸的位点。因此水解降解过程可以通过改变端基来进行控制。通过在端基上引入疏水性的长链亚甲基单元十二烷基会降低 PLLA 的水解降解速率，但同时具有端羧基和端羟基的 PLLA 和只含有端羧基的 PLLA 时水解速率很接近。同时具有端羧基和端羟基时，端羧基用十二醇封端，端羟基利用十二烷基酰化封端。

  e. 交联。交联作用被认为能够减弱聚乳酸的水解降解过程，因为交联所形成的硬性结构会阻碍水分子向材料的内部扩散，而且有时交联还会减少端基的数量。由于交联的 PLA 材料不溶于常规溶剂，因此不能从水解降解试验中得到详细的信息，这样就可以排除材料的干重和湿重的影响。研究者通过甘油引发化学交联制备了 P（DLLA-co-CL），发现交联 P（DLLA-co-CL）在中性条件下水解降解时物理及力学性能随着时间的延长呈对数式递减，显示一级水解动力学，然后交联 P（DLLA-co-CL）的水解降解过程相对趋于缓慢，在 12 周之后也不会完全降解。

  ②高度有序结构。

  a. 结晶度。由于结晶区分子链段紧密堆积，水不容易渗透进去，降解过程总是从非晶区到晶区。通过研究部分结晶的 PLLA 水解，发现水先渗入无定形区，导致酯键的断裂，当大部分无定形区已降解时，才由边缘向结晶区的中心开始降解。在无定形区水解过程中，生成立构规整的低分子物质，结晶度增大，延缓了水解的进一步进行。但也有研究者认为，结晶度的增加可能是由于无定形区的水解使得剩余样品中结晶相的比例增加造成的。结晶区域链段的抗水解能力比无定形区域的强，因此结晶度的增加会降低碱性条件下 PLLA 的水解和酶解作用。对于 PLLA 在中性条件下的水解降解过程，PLLA/PDLA 的共混物和 P（LLA-*co*-GA）在中性介质中或人体内，水解速率随着结晶度的增加而增大。其可能的原因是，PLLA 结晶后水解端基（羟基和羧基）和催化端基（羧基）在晶区之间的无定形区域内得到浓缩，与链完全填充在无定形区域的薄膜相比，高浓度的端基将导致松链填充在晶区之间的无定形区域之中。这些松链的填充和高浓度的亲水端基会增加水分子的扩散速率和含水量。水供应速率和含量的提高再加上高浓度羧基的催化效应，将显著地促进 PLLA 薄膜的水解。而且作为形成乳酰基乳酸和乳酸位点的端基，在晶区之间的无定形区域内得到浓缩，因此所形成的乳酰基乳酸和乳酸将会在限定的无定形区域内催化水解降解过程，这也会增加上述的协同效应。在早期的水解过程中，大多数无定形区域的链被水解掉，结晶厚度对水解过程只有一个间接的影响，即结晶厚度会间接改变材料的结晶度，进一步影响材料的水解降解速率。对于水解过程后期残晶的水解降解，结晶厚度就是一个至关重要的影响因素。在降解之前，如果初始结晶厚度越大，水解降解后期残晶（或伸直链结晶）的分子量也就越大。

　　b. 取向。取向对于中性和碱性条件下聚乳酸的水解降解影响较小，结晶度决定了中性和碱性条件下 PLLA 薄膜的水解降解速率。但也有研究发现，静压分子取向的 PLLA 与模压取向的 PLLA 相比能够更长时间地保持其力学性能。

（三）　水解降解过程中结构和性质的改变

　　（1）结晶性。聚乳酸在水解降解过程中其结晶性也会发生变化。最近有研究通过 DSC、GPC、SAXS 等手段发现，PLLA 在中性条件下水解时结晶厚度会增加，并且 L-乳酸的共聚物 P（LLA-*co*-GA）和 P（LLA-*co*-CL）在水解过程中也会结晶。关于中性条件下水解时嵌段共聚物的结晶过程，研究发现在聚合物 PDLLA-*b*-PCL-*b*-PDLLA 中，橡胶态 PCL 链段的结晶不受其相邻玻璃态 PDLLA 链段的影响。除结晶外，选择性移除材料中的无规链段也会增加 PLLA 的结晶度。同时，选择性移除 PCL，增加 PLLA 的含量也会导致 P（LLA-*co*-CL）中 PLLA 链段的结晶。对于同时含有 L-乳酰基和 D-乳酰基单元的共聚物，在酸性和中性条件下水解的后期阶段，会形成含有 L-乳酰基单元序列和 D-乳酰基单元序列的立体络合物，这种现象在 PDLLA 和 P（DLLA-*co*-CL）材料中都曾经被报道过，主要是由于选择性移除含有相对短的无规 L-乳酰基和 D-乳酰基单元序列的乳酸链段，而留下相对长的 L-乳酰基和 D-乳酰基单元序列所造成的。还有研究发现，PLLA 在中性条件下的水解过程中，能够被羟基磷灰石促进结晶；月桂酸的引入也会促进中性介质中的水解过程，并增强 PLLA 的结晶。研究者认为，在中性条件下的水解过程中，除了水的塑化效应以外，聚丁二酸己二醇酯低聚物的存在也会增强塑化效应，促进 PLA 的结晶。

（2）组分的分解。对于乳酸共聚物或 PLA 基聚合物，在乳酸与乳酸、乳酸与共聚单体、共聚单体之间的共混物中都含有各种各样的水解连接基。一般的，这些连接基的水解速率是不同的，与连接基相连的具有高水解性能的单体组分会被优先水解掉。在中性水解降解过程中，考察 P（LLA-*co*-GA）和 P（DLLA-*co*-GA）局部单体单元的变化，结果发现水解降解过程中 GA 单元逐渐减少了。这是因为 D-单元、L-单元和 L-单元之间的酯连接基的水解速率常数是相同的，所以 P（DLLA-*co*-GA）中 L-乳酰基和 D-乳酰基单元之间的相对比例是一个固定的常数。

（3）表面性能。聚乳酸的水解降解实际上是酯基的水解，水解作用导致酯基的裂解，亲水性的端基（羧基和羟基）的数量增加，因此 PLA 材料的表面亲水性能增加。研究学者通过研究前置接触角在碱性条件下和酶促降解下的变化，发现随着水解时间的延长，水的接触角在碱水解降解和酶促降解时分别从 100° 单调递减到约 85° 和 75°。这表明碱水解降解和酶促降解使得 PLLA 基材料的表面亲水性能增强了。在降解的前期是由于羟基和羧基的形成增加了 PLLA 的电荷密度，而降解后期是因为水解形成了带电的水溶性低聚物。同时，由于降解形成的孔也使得表面柔软度增加。此外，研究发现 PLLA 的表面力学性能（如蠕变常数和显微硬度）在中性条件下随水解降解时间的延长而逐渐下降。

（4）热力学性能。一般的，高分子量的 PLLA 在中性条件下水解降解的后期，因为分子量的减小使得链的运动能力增强而导致 T_m 减小，晶体厚度的减小和晶区表面结构的改变导致 T_m 减小。但在水解降解的初期升高水温的情况下，稳定链填充的影响比分子量减少的影响大，最终导致 T_m 升高，但晶体的增厚或减少晶格的无序性会导致 T_m 增大。在碱性和中性条件下的水解降解过程中，由于结晶和选择性的移除无规链，熔融面积峰增加，冷结晶减少。

（5）力学性能。在 PLA 材料水解降解的后期，分子量的减小使得材料的力学性能显著下降。但在中性条件下水解降解的早期过程中，低温退火时水分子作为塑化剂，无定形区域稳定链的填充会使得某些力学性能增强。对于 23℃和 37℃中性环境下 P（LLA-co-CL）的水解降解，37℃发生水解降解的可能性更大。通过跟踪 PLLA 在中性介质中水解降解 24h 的断裂韧性变化，发现结晶性 PLLA 的断裂韧性减少的速率比无定形 PLLA 要大，这归因于球晶表面链的裂解所导致裂纹形成的恶化。

二、热降解

聚乳酸是通过乳酸聚合反应制备的，L-丙交酯、D-丙交酯和 D,L-丙交酯都是乳酸的环状二聚体，而 PLLA 是由 L-丙交酯制备得到的结晶性聚合物。这个开环聚合反应是一个平衡反应，其中环状单体的浓度与温度有关。因此，可以通过 PLA 的热降解来实现乳酸的再生。

但实际的 PLLA 热降解过程要比简单释放丙交酯的反应复杂得多。丙交酯平衡聚合反应的最高温度和热力学参数会在一个很大的范围内变动，其最高温度为 275～786℃。降解的活化能 E_a 也在 70～270kJ/mol 的范围内做无规律的变动。而且很多种类的降解产物已经在 PLLA 的热降解过程中被发现，尤其是环状低聚体和它的非对映异构体。

PLA 的热降解反应主要由随机的主链裂解和解压缩解聚反应构成。随机降解反应包括水解、辐射降解、顺式消除和分子内与分子间的酯交换反应。基本上所有活化端基链的基团、残留的催化剂、残留的单体以及其他杂质，都会增强 PLA 的热降解。这些因素的综合作用使得 PLA 在制品的高温加工过程中融化时，会产生分子量和质量损失。

（一）热降解的动力学分析

（1）热重分析。热重分析被用于评价聚合物热降解过程中质量损失时的活化能 E_a、反应级数（n）和指前因子（A）等动力学参数。很多种不同的方法已经被用于热重分析数据的分析，但通过不同方法获得的参数会产生巨大的差异。

热降解过程的动力学一般通过等温法和非等温法来研究。在早期的文献报道中，等温法是最常用的用于固体状态下反应的动力学研究。在过去的 30 年中，非等温法如 Doyle 法、Freeman-Carroll 法、Coats-Rcdfcm 法、Ozawa 法、Flynn-Wall 法等已经被众多研究者采用。

一般的非等温方法的动力学方法表述如下：

$$- \mathrm{d}w/\mathrm{d}T = (A/\varphi)\exp(-E_\mathrm{a}/RT)g(w)$$

其中，φ 是加热速率（$\mathrm{d}T/\mathrm{d}t$）；$g(w)$ 代表反应模型的函数；$g(w)$ 的具体形式取决于动力学过程的模型，但经常是 w^n 的形式，其中 n 代表反应的级数。为了获得热降解过程中的 n 值，在上述方程的基础上利用 $-\mathrm{d}w/\mathrm{d}T$ 对 $1-w$ 作图。将所得到的图和模型反应的图比较，即零级、半级、一级、二级反应及无规降解。对于随机降解反应，在模拟模型中残留聚合物重复单元的数目（L）是一个变量。

积分值 $-\int \mathrm{d}w/g(w)$ 表述如下：

$$-\int \mathrm{d}w/g(w) = A \cdot E_\mathrm{a}/\varphi Rp(y) = A\theta$$

其中，$\theta = E_\mathrm{a}/\varphi Rp(y)$ 指降解时间。积分值 $-\int \mathrm{d}w/g(w)$ 已经由 Simha 等给出反应模型，如 $-\int \mathrm{d}w/g(w) = 1-w$、$2(1-w^{1/2})$、$-\ln w$、$1/w - 1$ 和 $-\ln\{1 - (1-w)^{1/2}\}$ 分别对应零级、半级、一级、二级反应和随机降解。以 w 对 $A\theta$ 作图，并与反应模型对比，可决定动力学参数。

以上的微分法和积分法对于分析主要反应很有用，但在反应初期 $1-w$ 值较小的情况下却效果不佳，这是因为在这期间，所有模型反应的微分和积分图均在同一个方向上渐增或渐减，使得区分它们变得很困难。

对于所有的随机反应，L 和 w 之间一般的关系可以从以下方程中得出：

$$\ln[1 - (1-w)^{1/2}] = -\frac{L}{2}A\theta + \ln[e^{(L/2)A\theta} - (e^{LA\theta} - Le^{A\theta} + L - 1)^{1/2}]$$

当 $L = 2$ 时，

$$\ln[1 - (1-w)^{1/2} = -A\theta]$$

$$\ln\{-\ln[1 - (1-w)^{1/2}]\} = \ln A\theta = \ln\frac{AE_\mathrm{a}}{\varphi R} - a' - b'\frac{E_\mathrm{a}}{RT} \infty \frac{1}{T}$$

（2）分子量的变化。尽管 PLA 热处理过程中的热降解主要是随机裂解产生线型或环状低聚体，环状低聚体和线型低聚体也可能重组，尤其是当温度低于乳酸的沸点时，对 L-丙交酯而言为 250℃。

根据研究发现，在没有质量损失的情况下，各种 PLLA 的速率方程见下式：

$$\frac{\mathrm{d}[P_n]}{\mathrm{d}t} = -(n-1)K_\mathrm{d}[P_n] + 2K_\mathrm{d}\sum_{i=n+1}^{\infty}[P_i]$$

其中，P_n 和 K_d 分别为聚合物 PLA 的数均聚合度和热降解速率常数。从这个方程中可以推导出一个如下所示的数均分子量的倒数与时间之间的线性关系，用于描述分子链的随机裂解：

$$\frac{1}{M_n} = K_d t + \frac{1}{M_{no}}$$

考虑到和恒定的速率常数 K 的逆向重组过程，对于每一步有下面的方程：

$$\frac{\mathrm{d}[P_n]}{\mathrm{d}t} = -(n-1)K_d[P_n] + 2K_d \sum_{i=n+1}^{\infty}[P_i]$$

$$+ \frac{1}{2}K_e \sum_{i+1}^{i-1}[P_i][P_{n-i}] - K_e[P_n]\sum_{i=1}^{\infty}[P_i]$$

为了解决该微分方程和匹配合适的参数，研究学者等运用了两种数学方法：Galerkin h-p 法和随机模拟法。另外，在有质量损失的情况下，其他人员也提出了对简单的随机降解的修正方程。

（二）基于分子量变化的 PLA 热降解行为

PLA 的热降解过程被认为是基于数均聚合度 P_n 的倒数与时间之间线性关系的随机裂解过程。最近，有研究发现 PLLA 在 220℃、290℃ 和 330℃ 时的等温降解过程中，除了简单的随机裂解过程之外，还有基于 $1/P_n$、P_n 与时间之间的非线性关系的聚合物链解压解聚过程。将逆向重组反应考虑在内，当每一步的速率常数都是 K_c 时，研究 PLLA 在 180 ～ 220℃ 温度范围内热降解过程中分子量的变化，模拟结果与实验数据是相吻合的，表明 PLLA 在 2h 内达到其热降解平衡，计算降解过程中的 E_a 和 A 值，分别为 120kJ/mol 和 $7.0×10^6$L/（mol·s），重组过程中分别为 49kJ/mol 和 $2.2×10^3$L/（mol·s）。

三、光降解和辐射降解

一般聚合物材料暴露在阳光下都会发生降解反应，母体中的聚合物链的化学键和低分子量化合物吸收光后会发生主链裂解、交联、氧化或键的裂解等化学反应，导致材料出现失色或脆性断裂等现象。聚合物材料的光降解主要是在户外强光（不可见的低波长光和高能紫外线）的促进作用下引起的。自从人们发现聚合物材料的光降解现象后，科研机构和工业界已经在保护聚合物材料免受光降解方面做了 50 多年的研究。当前最主要的方法就是将光稳定剂和抑制剂加入到聚合物母体中来避免光降解。但同时光降解也有其可利用的一面，如在光致刻蚀剂的光刻法或通过光照射的表面改性，开发新的光功能团的聚合物材料。

聚乳酸同很多其他塑料一样在光照下都会发生光降解，因此 PLA 产品首先要解决的就是防止光降解。相对于其他广泛应用的材料，对聚乳酸的研究还相对较少，在 20 世纪 80 年代之前只有少数有关聚乳酸光降解的报道。随着聚乳酸的快速发展，人们将越来越多的精力花费在了经久耐用的材料方面，尤其是耐热、耐光的聚乳酸。自聚乳酸作为一种共聚酯在 70 年代被用于手术缝合线以来，对 PLA 暴露在高能辐射线下的降解研究就开始了，这必然涉及消毒杀菌用的 X 射线、γ 射线和电子束。在最近的几年里，聚乳酸的发展需求已经成功地迈向了新兴领域，如通过辐射表面改性和辐射交联来改善材料的力学性能。相信在不久的将来，随着聚乳酸光降解和辐射技术的发展，聚乳酸的应用会越来越广泛。

（一）光

（1）光子。光是具有波粒二象性的电磁波。经常将量子粒子称为光子，光子在给定的波长下的能量参照方程：

$$E = h\upsilon = hc/\lambda$$

其中，E 是光子的能量；h 是普朗克常数；υ 代表波数；c 是光速；λ 是波长。照在地面上的光波波长范围大概为 280 ~ 3000nm，经常被分为紫外线、可见光、红外光三类。紫外线又可分为长波黑斑效应紫外线（UVA）、中波红斑效应紫外线（UVB）和短波灭菌紫外线（UVC）。10 ~ 200nm 范围内的光被称为真空紫外光，其波长比 UVC 的还短。

太阳光中的紫外线所具有的能量几乎可以使所有的键发生断裂。虽然在热处理过程中这些键的裂解能很重要，但并不是所有的光子都具有足够高的裂解能来引发光降解过程。因为有一个关键因素，光子是否可以被分子吸收以及是否有足够数量的光子可以被吸收。

（2）光子吸收。材料的光化学反应从光子的吸收开始，即"光子被吸收是光化学反应的必要条件"，这就是光化学反应的第一定律，也被称为 Grotthuss-Draper 定律。光化学反应的第二定律是，"一个光子被吸收就有一个分子被激活"，这被称为 Stark.Einstein 光化学反应平衡定律。被辐射的分子中特定的基团会吸收特定波长的波，当光子吸收后，处于基态的电子被激发到一个更高的能量状态。这个光激发过程被称为电子转变过程，外部的电子被推到一个更高能量的分子轨道。在有机分子中，一些基本的分子轨道如 σ、π 和 n 轨道处于基态，而 σ^*、π^* 反键轨道处于激发态，这些分子轨道是由原子轨道线性结合构成的。如丙酮中的 C══O 双键经常会被整合到聚乳酸的主链中，由于 n-π* 和 n-σ* 激发能的影响，在 280nm 处和 190nm 左右有吸收带。因为太阳光中波长低于 280nm 的光辐射强度很低，带有 C=O 的分子倾向于通过 n-π* 转变来实现光激发过程。这种吸收光子的活性基团经常被称为发色团。

光子的吸收取决于发色基团的化学结构，所以不是所有的分子产生光激发反应的可能性都是相同的。正如朗伯比尔定律所述：

$$\frac{I}{I_0} = 10^{-\varepsilon cl}$$

其中，I_0 和 I 分别为穿透样品前后的光强度；ε 为摩尔吸光度；c 是样品中发色基团的摩尔浓度；l 是光进入样品的深度。这个方程也经常被表示为吸光度 A：

$$A = \lg \frac{I_0}{I} = \varepsilon cl$$

(二) 辐射降解的机理

（1）高能辐射。高能射线 X 射线和 γ 射线对于聚合物材料的影响和光照射是相同的。若聚合物材料用于医疗方面，在使用之前必须通过辐射或紫外线照射杀菌消毒。这些聚合物材料用于原子炉设备和辐射器材时的辐射性能也很重要。X 射线和 γ 射线分别是波长范围介于 10pm ~ 10nm 和低于 10pm 的电磁波。正因为这些电磁波的波长很短，所以其能量很高，有机材料因吸收如此高强度的射线所致的降解和因紫外线和可见光所导致的降解差别很大。

（2）辐射降解的基本原理。因为 X 射线和 γ 射线的能量比可见光和紫外线高很多，它们可以通过分子中核或电子云的强相互作用离子化分子的选择性，如图 3-5(a) 所示。通过这些相互作用产生的次级电子有足够高的动力学能量来引发周围分子产生连续的离子化和能量激发 [图 3-5(a) ~ (c)]。这些不稳定的活性种进一步通过副反应如均裂、离子裂解、电子转变和能量转变产生很多中间产物 [图 3-5(d) ~ (j)]。然后这些中间体经中和失活，夺氢反应或重组反应，多余的能量通过化学反应和热扩散损失掉 [图 3-5(k) ~ (n)]。通过这种方式，辐射引发的反应和由离子反应与自由基反应同时进行的光辐射反应有很大的不同。

（a）$M \xrightarrow{\text{高能射线}} M^{+} + e^{-}$ (b) $M \xrightarrow{e_k^{-}} M^{+} + e_k^{-}$

（c）$M \xrightarrow{e_k^{-}} \text{or} e_k^{-} M^{*}$ (d) $M + e_k^{-} \longrightarrow M^{-}$

(e) $M^* \longrightarrow M'_1 + M'_2$ (f) $M^{\cdot+} \longrightarrow M_1^+ + M_2^{\cdot}$

(g) $M^{\cdot-} \longrightarrow M_1^{\cdot} + M_2^{-}$ (h) $M_1^+ \cdot + M_2 \longrightarrow M_1 + M_2^{\cdot+}$

(i) $M_1^{\cdot-} + M_2 \longrightarrow M_1^{\cdot} + M_2^{\cdot-}$ (j) $M_1^{-} + M_2 \longrightarrow M_1 + M_2^{\cdot-}$

(k) $M^{\cdot-} \longrightarrow M + e^-$ (l) $M^{\cdot+} + e^- \longrightarrow M$

(m) $M^{\cdot} + RH \longrightarrow MH + R^{\cdot}$ (n) $M_1^{\cdot} + M_2^{\cdot} \longrightarrow M$

图 3-5   通过非选择性的强烈相互作用导致的分子电离

(三) PLA 的光降解

从 20 世纪 70 年代开始，聚乳酸就已经被用作生物相容性材料，但最早的关于聚乳酸光降解的文章可能是 McNeill 和 Leiper 在 1985 年发表的，他们利用中压汞灯研究了聚乳酸在 30℃真空条件下持续 72h 的光降解过程。从挥发产物的 UV-Vis 和红外光谱以及热降解的结果，可知聚乳酸在紫外光下的降解发生在酯连接基的 C — O 部位，即图 3-6 中的 b 处。第 2 篇关于聚乳酸光降解的报道由 Ikada 在 1997 年发表，他利用傅里叶红外光谱、紫外光谱法和黏度测量法研究了 PCL 和 PLLA 的光降解过程。他发现 PLLA 的平均分子量在紫外光照射的 1h 内快速降低，并且当将空气换成氮气时降解过程会加速。这个结果非常奇怪，因为这和聚合物降解过程通常受到 O_2 的作用而加速的现象相反。基于红外光谱图中 C — C 和 OH 含量的增加，Ikada 推断两个 PLLA 主链裂解通过 Norrish II 型反应 [图 3-7 (b)] 随机发生。Ikada 提出和 McNeill 和 Leiper 在图 3-6 中表述的不同的方案。因为光反应的机理是由 C — O 处的电子转变选择性引发的，PLLA 通过 Norrish II 型反应实现光降解也被接受，但在图 3-6 中，如果—COO * 从邻近的—CH_3 中提取一个 H，所得到产物将和图 3-7 (b) 中的 Norrish II 型反应的产物相同。在 1999 年 Ho 和 Pometto 也利用电子束和波长为 365nm 的紫外光对 PLLA 的光降解过程进行了研究。在 55℃和 10% 的相对湿度条件下，PLLA 分子量在缓慢水解 8 周后已出现大幅度下降，而紫外光辐射 PLLA 薄膜则显示出更大的降解速率，比单纯电子束辐射条件下 PLLA 的降解速率快 97%。

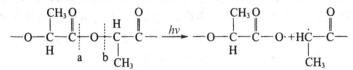

图 3-6   McNeill 和 Leiper 认为在紫外光下 PLA 的降解机理

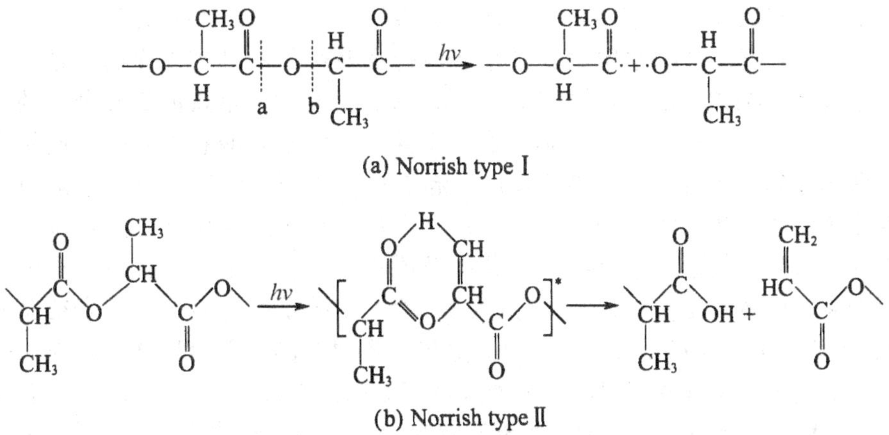

(a) Norrish type Ⅰ

(b) Norrish type Ⅱ

图 3-7　基于 Ikada 的 PLLA 主链 Norrish type Ⅰ、Ⅱ 的裂解机理

四、酶促降解

聚乳酸及其共聚物由于在主链上含有酯基，可以被酯酶加速降解。很多种酶已经被分离和提纯，并用于聚乳酸的降解。早在 20 世纪 80 年代，Williams 就指出链霉蛋白酶、蛋白酶 K 和菠萝蛋白酶对于 PLLA 的降解过程起着重要作用，但这些酶都不是 PLA 解聚酶而是蛋白酶。随后 Ashley 和 McGinity 也证实 PDLLA 可以被蛋白酶 K 降解。此外，研究者还发现 PLLA 的低聚物可以被大量脂肪酶型生化酶加速降解，尤其是根霉脂肪酶。羧酸酯酶的添加也会加速 PDLLA 的重均分子量的减少。

酶促降解过程主要通过以下 6 种手段来评价：①聚合物材料的质量损失；②分子质量的测量；③聚合物悬浮液的光学密度；④水溶性材料的滴定；⑤物理性能的变化；⑥表面形态的变化。这些方法主要集中在聚合物材料本身上。如果能够将用于降解 PLA 的特定酶分离出来，对酶分子进行立体结构分析将为研究者从分子水平上了解酶促降解机理提供非常有用的信息。

聚乳酸材料最基本的结晶形态是带有 5 ～ 10nm 厚的折叠链的片晶。在 PLA 材料的化学降解和酶促降解过程中，片晶的厚度和尺寸、晶区分布、晶体形态和结构对水长解速率有着决定性的影响。

（一）PLLA 膜的酶促降解

1981 年，Williams 最先发现源于白色念珠菌（*tHtirachium album*）的蛋

白酶 K 对 PLLA 具有降解作用。此后蛋白酶 K 一直作为一种公认的 PLA 降解酶，用来研究 PLA 及其共混物的降解特性。蛋白酶 K 是丝氨酸蛋白酶中的一种，在蛋白质的水解尤其是角蛋白的水解过程中具有很强的活性，其分子量为 28790，由 279 个氨基酸组成。X 射线衍射显示蛋白酶 K 分子的结晶为一个直径为 4nm 的半球形。由丝氨酸、天门冬氨酸和组氨酸形成催化三联体催化位点，在整个催化反应中起着核心作用。位于酶分子平侧面的催化残留体（丝 224-天冬 39-组 69），会参与到多肽链羧基的亲核取代反应中。从酶和低聚肽络合物的构象可以预测至少有 8 个催化位点，子位点用于束缚单体单元。PLLA 是熔点为 175℃ 左右的结晶性聚合物。半结晶的 PLLA 薄膜可以通过多种工艺条件如熔融时等温结晶、无定形样品的退火处理以及利用较小蒸发速率的溶剂来进行溶液浇注制备。PLLA 的玻璃化温度（约 60℃）高于室温，因此在熔融时淬火处理可得完全的无定形薄膜。采用 140℃ 时退火处理制备一系列不同结晶度的半晶型 PLLA 薄膜，可以研究晶区的存在对酶促降解速率的影响，PLLA 薄膜的水解速率随着结晶度的增加而降低，表明酶催化 PLLA 分子的水解以薄膜表面的无定形区为主。

在研究蛋白酶 K 对数均分子量为 76000 ~ 480000 的无定形 PLLA 薄膜酶促降解的过程中发现，蛋白酶 K 水解的速率随着分子量的增加而降低。图 3-8 中揭示了一个线性关系，从图中可知直线的截距是一个正值 1.75μg/（mm² · h），这个结果表明蛋白酶 K 催化 PLLA 分子水解是通过催化其内部和外部链的水解实现的。通过研究蛋白酶 K 催化接枝 PLLA 样品的酶促降解过程，也已证实分子量会影响 PLLA 材料的水解速率。

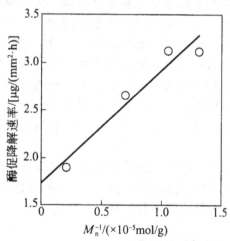

图 3-8 PLLA 薄膜的酶促降解速率和分子量的倒数 M_n^{-1} 间的函数关系

（二）PLA 的立体异构体及其共混物的酶促降解

由于乳酰基单体单元有一个手性中心，PLA 有好几种立体异构体，PLLA、PDLA 和 PDLLA。不同种类的 PLA 立体异构体的酶促降解速率也不相同。对比蛋白酶 K 对不同光学异构体聚乳酸的降解过程发现，与右旋聚乳酸（PDLA）相比，蛋白酶 K 优先降解左旋聚乳酸（PLLA），PDLLA 几乎不能被降解，在 3 种共混聚合物的酶降解实验中发现，蛋白酶 K 降解速率关系为：L-L>L-D>D-L，其中 D-D 共聚物的降解很慢，几乎不发生。但也有研究得出的不同光学异构体的降解速率关系为：PDLLA>PDLA>PLLA>PDLA/PLLA（50/50）共聚物。还有研究者利用 LLA 和 DLA 的混合物衍生出来的各种 PLA 立体共聚物对蛋白酶 K 的立体选择性进行了研究。通过溶液浇注所得的聚合物薄膜首先经退火处理结晶，然后暴露于蛋白酶 K 的环境下降解，他们发现酶优先降解 PLLA。当 L-乳酰基重复单元的含量从 100% 降到 92% 时结晶度大幅下降，相应薄膜质量损失的速率也加快了，这可能是因为无定形区比结晶区更容易降解。

除了 PLA 立体共聚物之外，也可以通过 PLA 立体异构体的共混来获得不同立体化学组分的 PLA 薄膜。对 PLLA 和 PDLA 的对映体共混物薄膜和 PLLA/PDLA 与 PDLLA 的非对映体共混物薄膜进行研究，结果发现对映体和非对映体之间的共混物无定形薄膜对所有范围内的 LLA 单体单元含量都展示出了相似的降解速率。和非共混物 PLA 薄膜的水解速率的结果相近，共混物薄膜的水解速率随着 LLA 含量的减少而减小，当 LLA 的含量低于 0.3 时水解速率趋近于零。与 PDLA 相反，PLLA 和 PDLLA 组分是能够酶促降解的，在对映体和非对映体的共混物中加入相同含量的 LLA 组分后，水解速率完全不同。

第二节　聚乳酸/生物降解聚合物共混

一、PLA/淀粉共混

聚乳酸具有较优异的力学性能和生物相容性，已经在生物工程领域得到了广泛的研究以及应用，但是由于其制备成本较高、有脆性、抗冲击性不好、对热不稳定等，限制了其在包装材料和地膜等领域的应用。

淀粉作为一种自然界的天然高分子，对环境非常友好，在可降解塑料研究开发初期便被作为填充组分进行了应用。淀粉颗粒由排列成层状的大分子组成，在自然界中的存在非常广泛，主要存在于植物的种子、根、茎、果实中，所以淀粉的价格低廉，因此可以利用淀粉作为添加剂在改善材料的力学性能和加工性能的同时也降低材料的成本。

由于天然淀粉为多羟基化合物，邻近分子间通过氢键相互作用形成微晶结构，导致淀粉的分解温度低于熔融温度，从而不具备热塑性能。另外将亲水性的淀粉与疏水性的聚乳酸共混，由于它们没有相互作用的功能基团，导致界面结合力很弱，即两者相容性较差，淀粉与聚乳酸进行简单的共混后，材料的物理及力学性能还是达不到使用要求，这是限制淀粉广泛应用的最主要问题，因此必须对淀粉进行改性后才能应用于可降解材料中。此外，技术条件的不成熟也是淀粉与聚乳酸共混材料无法推广应用的另一个原因。

为了提高淀粉与聚乳酸之间的相容性，主要采用的方法有淀粉的增塑改性、添加偶联剂进行反应性增容和聚乳酸的接枝改性。

（一）淀粉的增塑改性

淀粉材料不具备热塑性，而且由于淀粉分子中含有大量羟基，导致其对湿度变化相当敏感，它与其他物质共混时界面黏结力也很差，因而导致其力学性能很差。许多研究表明，水、多元醇等小分子增塑剂，在一定程度上也能够提高淀粉与聚乳酸的界面结合力，使两者的相容性有所改善。有研究发现体系中存在的甘油使得淀粉在与 PLA 共混时塑化比较充分，大大改善了 PLA 与淀粉间的相容性。

把经过增塑改性的淀粉与聚乳酸共混，只是对淀粉进行了塑化，本质上并没有发生化学变化，不能从根本上解决淀粉与聚乳酸相容性差的问题。

（二）添加偶联剂进行反应性增容

反应性增容剂是这种增容剂能在熔融共混过程中与共混物中的两组分发生反应生成有利于改善两相界面黏结力的添加剂，加入后可以增强共混复合材料的相容性，改善微观形态，提高共混复合材料的力学性能。目前，被采用在淀粉与聚乳酸共混体系的反应性增容剂主要有马来酸酐、马来酸二辛酯和二异氰酸酯增容剂。如将环氧树脂作为增容剂添加到混合物中，发现聚乳酸与淀粉间的相容性得到很大的提高，可塑性增强，拉伸强度和断裂伸长率也有相应的提高。而采用马来酸酐功能化聚酯作为增容剂制备聚乳酸/淀粉二元复合材料和聚乳酸/淀粉/ PBAT 三元复合材料，得到的材料的强度有所提高。利用马来酸酐作为增容剂制备聚乳酸/淀粉复合发泡材料，材料熔体强度和相容性有一定提高，有利于发泡性能的优化。

通过添加偶联剂进行反应性增容的方法工艺简单，对加工设备要求也不高，但无法避免在降解过程中产生二苯甲烷二异氰酸酯（MDI）、甲苯二异氰酸酯（TDI）等有毒有害物质。因此，如果能寻找到新的能提高力学性能的无毒性增容剂，将极大程度地扩大淀粉的应用领域。

二、PLA/聚 ε-己内酯共混

聚 ε-己内酯（PCL）是线型脂肪族聚酯在引发剂存在的条件下，在酯单体的本体或溶液中聚合得到的聚合物。其结构重复单元上含有非极性的亚甲基（—CH$_2$—）和极性的酯基（COO—），因此，分子链比较规整，链柔顺性好，结晶能力可与聚乙烯相比；PCL 是一种半结晶聚合物，熔点为 $59 \sim 64$℃，玻璃化温度为-60℃，安全无毒，加工工艺性优良，力学性能与聚烯烃相似。此外，PCL 与 PLA 一样具有良好的生物相容性和可降解性，也引起了人们的广泛关注，尤其是在生物医学方面有广泛的应用。但是PCL 与 PLA 在各自性能上的优势是不同的：橡胶态的 PCL 具有良好的韧性及较慢的降解速率，而玻璃态的 PLA 具有良好的拉伸强度和较快的降解速率，即两者的性能具有良好的互补性。因此，将 PCL 与 PLA 共混就有可能制备出性能优异且降解速率可控的生物材料。

但是，同大部分的其他共混体系类似，PCL/PLA 共混物出现了两个明显的 T_m，这表明 PCL 与 PLA 两组分也是不相容的。共混体系的相形态强烈依赖于组分比，随 PCL 组分含量的增加，体系内部球形分散的形态逐渐向纤维状和部分双连续的相形态转变。两相界面的存在增加了体系动态弹性响应，并使体系出现了动态形状松弛。因此，增容也是 PCL/PLA 共混物能够得到广泛应用很重要的一步，其基本的增容手段也与 PLA/淀粉共混物差不多。

三、PLA/壳聚糖共混

甲壳素的化学名称为 β-1,4-2-乙酰氨基-2-脱氧-D-葡聚糖，又称为甲壳质。甲壳质可以在甲壳类生物的贝壳中找到，还可在昆虫外壳或真菌、酵母及藻类的细胞壁中找到。甲壳质和纤维系都是最丰富、最容易获得的天然高分子。甲壳类物质中所含的甲壳质可达几十亿吨，甲壳质的产量仅次于纤维素，但它的利用比不上纤维系，原因是甲壳质不溶、不融，利用

和处理不方便。X 衍射光谱显示甲壳质的结构与纤维素相似，不同的是纤维素 2 位碳原子上的羟基被乙酰氨基取代。因此，有时甲壳质也被称为二乙酰氨基纤维素，其结构如图 3-9 所示。

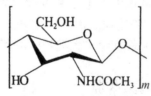

图 3-9　甲壳质的结构

甲壳质经浓碱处理后，可脱去分子上的乙酰基，生成壳聚糖，其结构式如图 3-10 所示。

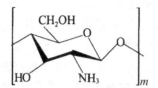

图 3-10　壳聚糖的结构

壳聚糖是白色或灰白色略有珍珠光泽的半透明片状固体，不溶于水和碱，但溶于大多数稀酸。壳聚糖因有自由氨基的存在，反应活性比甲壳素强。甲壳质和壳聚糖在大多数微生物的作用下都容易发生生物降解，生成甲糖和低聚糖。

四、PLA/PHA 共混

聚羟基脂肪酸酯（PHA）是一类由微生物发酵合成的热塑性聚酯的总称，在碳源过量和某种营养物质缺乏（如限磷、限氮）的条件下，许多微生物的正常代谢途径就会被破坏，而在其细胞质内积累某种结构的 PHA 作为碳源和能量的储存物质。当环境中能源缺乏时，微生物可将这些储存的 PHA 分解代谢掉，以供生命活动所需的能量。PHA 不仅具有化学合成塑料的特性，还具有一些特殊性能，如生物可降解性、生物相容性、光学活性等，可以在众多领域如生物可降解包装材料、组织工程材料、缓释材料等方面得到广泛应用。

β-羟基丁酸酯与 β-羟基戊酸酯共聚物（PHB）是聚羟基脂肪酸酯 PHA 家族中的一员，是发现最早、分布最广的 PHA。

PHB 是可结晶性材料，属于非结晶性材料，利用非结晶性改性结晶性聚合物是一种常用的手段。将可完全生物降解的聚（3-羟基丁酸-*co*-4-羟基丁酸酯）与聚乳酸共混，能够改善纯 PHB 共聚物的结晶性，提高玻璃化温度和热稳定性，便于冷却成型。

为了提高两者的相容性，可以采用以异佛尔酮二异氰酸酯（IPDI）和亚磷酸三苯酯（TPP）为扩链剂，对聚（3-羟基丁酸酯-*co*-4-羟基丁酸酯）/聚乳酸［P（3,HB-*co*-4,HB）/（PLA）］共混物进行扩链改性。

五、PLA/脂肪族-芳香族共聚酯共混

（一）聚对苯二甲酸乙二醇酯

聚对苯二甲酸乙二醇酯（PET）材料由于具有优良的耐热性、耐化学药品性、强韧性、电绝缘性、安全性等，且价格便宜，已被广泛用于纤维、薄膜、工程塑料、聚酯瓶等。虽然 PET 不会直接对环境造成危害，但由于其使用后的废品多且在自然条件下很难降解。因而，从环境行为和生态效应考虑，PET 废弃物已成为全球性的环境污染有机物。

通过熔融共混的方法，结合 PET 和 PLA 各自的优点，可得到 PET/PLA 共混物不仅具有优良的力学性能而且还具有可控降解性。在不同的质量比下，采用分子动力学（MD）模拟的方法研究在 COMPASS 力场下 PET/PLA 共混物的相容性，结果表明两者之间的相容性较好。

不过，钛酸四丁酯作为增容剂时，两者之间的相容性并不是一定特别好，当钛酸四丁酯含量为 PLA 的 4% 时，PET/PLA 共混物的相容性良好，但当 PLA 含量超过 30% 时，共混物出现相分离 PLA。

（二）聚己二酸-对苯二甲酸丁二酯

聚己二酸-对苯二甲酸丁二酯（PBAT）主要由己二酸、对苯二甲酸及丁二醇的单体聚合而形成的一种新生物可降解聚合物。PBAT 本身具有良好的拉伸性能，能够制成厚度为 $10\mu m$ 的薄膜，对水蒸气和氧气具有良好的阻隔性。经过生物分解测试实验表明，PBAT 为完全生物可降解聚合物并适用于生产混合肥料，而且 PBAT 及其降解产物对植物均无毒、无害。PBAT 和 PLA 都可以采用相同的方法加工成型。PLA 具有高强度和高模量，但是其脆性较大，PBAT 的柔韧性很好。PLA 与 PBAT 共混，是增韧 PLA 的一种可选择的有效方法。

但是当 PBAT 含量较高时，采用熔融挤出法制备的聚乳酸/对苯二甲

酸-己二酸-1,4-丁二醇三元共聚酯（PLA/PBA）共混物，共混物的断面可以明显地观察到不相容的两相结构。

为了促进共混物的相容性，可用聚己内酯（PCL）作为增容剂。加入PCL可以改善PLA与PBAT的相容性，提高共混物的冲击强度、拉伸强度和拉伸弹性模量；在PCL含量为2份时共混物两相之间具有良好的相容性。也可以采用环氧树脂改性苯乙烯-丙烯酸共聚物和甲基丙烯酸甘油酯作为增容剂，得到的PLA与PBAT的共混物的相容性则明显提高。

第三节 聚乳酸在医药领域的应用

一、聚乳酸纤维

（一）可吸收手术缝合线

生物可降解材料在医学中应用历史最长、最广泛的是手术缝合线。聚乳酸及其共聚物作为外科手术缝合线，主要是利用其生物可降解性，缝合线在伤口愈合后自动降解并吸收，无需二次手术拆线，特别适合人体深部组织的伤口愈合。这种应用要求聚合物具有较强的初始抗张强度且能稳定地维持一段时间，同时又能有效地控制聚合物降解速率，使其随着伤口的愈合逐渐降解。最早出现的聚乳酸手术缝合线是左旋乳酸与乙醇酸的共聚物PLGA，产品在1975年投放市场，一上市就受到医生的青睐。直到目前，该类产品依然是市场上畅销的合成类可降解手术缝合线，如图3-11所示。

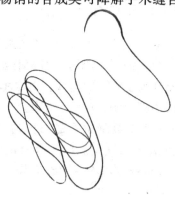

图3-11 采用PLGA制备的手术缝合线

聚乳酸（PLA）的种类因立体结构不同而分为聚左旋乳酸（PLLA）、聚右旋乳酸（PDLA）和聚外消旋乳酸（PDLLA）等。PLLA 是一种半结晶材料，其完全降解需要两年以上；PDLLA 则属于无定形高分子，降解速率快，可在 16 个月内完全降解，但其强度和耐久性较差；PDLA 单独使用较少。相对无定形的 PDLLA 而言，半结晶性的 PLLA 具有更高的机械强度、拉伸比率和更低的收缩率，因而更适合于手术缝合线；但 PLLA 纤维降解速率很慢，无法与伤口的愈合速率相匹配，所以可加入少量乙醇酸共聚成分来调节其降解速率。在后来的发展中，也有研究者在缝合线中加入骨胶原、

低分子量 PLA 及其他无机盐来增加缝线的韧性和调节聚合物的降解速率。同时，为了提升聚乳酸缝合线的机械强度，研究者在提高聚合物分子量的基础上，也在逐渐改进缝合线的加工工艺。例如，通过研究干法纺丝/热拉工艺中纺丝速率与卷绕速率对最终纤维韧性的影响，发现通过抑制纺丝过程中相分离和取向结晶造成的分子缠结网络破坏，可以在高纺丝速率（>180m/min）下生产出高拉伸强度（1.5GPa）的 PLLA 纤维。也有研究表明熔融纺丝制备的 PLLA 纤维能在更长的时间内维持其强度和稳定性。

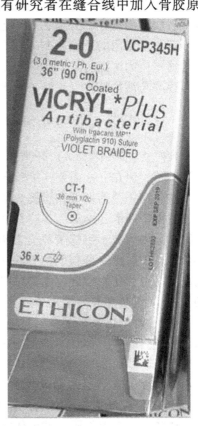

图 3-12 美国强生公司生产的抗菌 VICRYL Plus 缝合线

在缝合线的功能化方面，通过在缝合线中掺入抗炎药物，可以抑制伤口缝合处的局部炎症及异物排斥反应。例如，美国强生公司开发的产品 VICRYL Plus 缝合线（图 3-12），就是一种新型抗菌缝合线，其主要成分仍然是 90% 的乙交酯和 10% L-丙交酯的共聚物 PLGA，但在表面涂层中加入了抗菌物质三氯生。国外有研究显示，它可以有效抑制通常与手术切口感染有关的细菌，包括金黄色葡萄球菌、表皮葡萄球菌、耐麦西西林金黄色葡萄球菌（MR-SA），以及耐麦西西林表皮葡萄球菌（MRSE）的生长，术后切口感染率相对更低。

聚乳酸在降解过程中，通过酯键的水解断裂产生乳酸。乳酸普遍存在

于动物和人体的肌肉组织中，可通过人体的正常代谢途径分解。在体内，乳酸首先被转化为丙酮酸，然后进入三羧酸循环后转化为二氧化碳和水。如果将聚乳酸用碳元素标记示踪，可以发现没有降解产物大量残留在任何人体器官内，只有粪便和尿液中有极少量的降解产物，这说明降解产物已经通过呼吸系统排出体外。

聚乳酸缝合线的降解是由多种因素共同作用的结果，其影响因素主要有材料本身的因素，如水解性、亲水性、结晶度大小、分子量高低以及分子量的分布等；植入部位的环境因素，如 pH 值、金属离子、酶的种类和浓度等；物理因素，如外应力的存在、消毒方式和保藏时间等。在这些因素中，起决定作用的还是材料本身的化学结构。通过溶液纺丝制得的缝合线还与所采用的溶液有关。研究发现对于干纺与热拉伸制得的 PLLA 纤维，其降解速率与溶剂的挥发性有关，溶剂的挥发性越好，降解速率就越快。

（二） 韧带与肌腱修复材料

聚左旋乳酸（PLLA）纤维在用作手术缝合线时会显得降解速率太慢，需要调节，但在一些需要强度长久保持的应用中，PLLA 纤维却是首选的材料。这些应用包括韧带和肌腱修复以及血管和泌尿外科手术支架等。

前十字韧带（ACL）连接着膝关节骨骼，是体育运动或外伤最常伤及的韧带。因为前十字韧带完全撕裂后无法自修复，重建外科需要使用自体移植物，如髌腱（膝盖前的一块肌腱）或腿后腱。早期在没有足够材料的情况下，也会使用聚合物生物材料如聚乙烯和聚丙烯。早在 20 世纪 90 年代初，PLLA 纤维就开始被用于修复撕裂的膝盖韧带。

PLLA 纤维也被用于修复肌腱，动物实验表明其在肌腱重建中的效果与聚丙烯材料相当，但却具有更好的生物相容性。例如，在肩袖（也叫肩关节回旋肌）肌腱手术中，生物可吸收的 PLLA 纤维毡曾被作为人造肌腱植入体内来治疗无法修复的回旋肌撕裂，如图 3-13 所示。这种纤维毡由直径 20μm 的 PLLA 纤维缠绕而成，纤维则采用分子量约 20 万的 PLLA 通过熔融纺丝法制备。在因下肌肌腱创伤的小猎犬动物实验中，采用这种 PLLA 纤维毡进行肌腱重建，术后 16 周，在组织学检查中观察到 PLLA 毡的强度因为纤维组织的渗透而增大了 3 倍。尽管 PLLA 纤维毡的降解速率较慢，但移植物的拉伸回弹性却非常好。因而，PLLA 纤维毡是一种非常有潜力的肩袖肌腱重建材料。

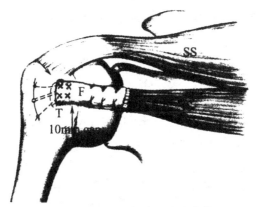

**图 3-13　PLLA 纤维毡作为生物
可吸收人造肌腱植入体内来治疗无法修复的回旋肌撕裂**

二、聚乳酸纳米药物载体

(一) 非环境响应型 PLA 基药物载体

1. PLA-PEG 类药物载体

在非环境响应型 PLA 基两亲性聚合物中，最常见的药物载体材料就是
PLA-PEG。这种两亲性的嵌段聚合物可以组装成胶束、囊泡两种形式的载
体，且基本上都是 PLA 作为疏水段形成疏水层，而 PEG 为亲水端构成亲水
的外壳。这种两亲性的聚合物得到如此多的应用主要是因为 PEG 的一端含
有羟基，很容易通过开环聚合形成 PLA 长链，而 PEG 的另外一端可以修饰
各种功能化的基团，如小分子、多肽、单抗、多糖等。目前最常见的 PEG
端基活化包括氨基化和羧基化，端基活化后可连接叶酸、生物素、多肽、
多糖和单抗等。

例如，以 PLA-PEG 为基础，通过在疏水段 PLA 中引入少量具有羟基的
DHP，使其与阿霉素上的氨基反应，得到键接有药物的聚合物。同时由于
mPEG-b-P（LA-co-DHP）上的羟基还可以与叶酸反应，可制备叶酸修饰
的 mPEG-b-P（LA-co-DHP）/FA。将两种功能化的聚合物共混得到胶束
状的载体，如图 3-14 所示。由于 DHP 与阿霉素的反应是通过酰胺键或者
腙键，因此阿霉素的释放表现为 pH 值敏感性，在酸性条件下释放得更多更
快。同时，由于兼具叶酸的修饰，该胶束在和肿瘤细胞 SKOV-3 的相互作
用中，与不含有叶酸修饰的胶束相比，被吞噬得更多也更快。进入细胞后

的载体在溶酶体的酸性环境中快速释放，表现出很好的肿瘤治疗效果。

（a）mPEG-*b*-P（LA-*co*-DHP）的化学结构；

（b）mPEG-*b*-（LA-*co*-DHP/DOX）的合成途径；

（c）mPEG-*b*-（LA-*co*-DHP/DOX）将 DOX 连接在聚合物上的反应过程；

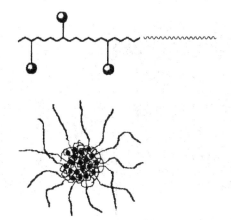

（d）mPEG-b-（LA-co-DHP/FA）的合成途径；

（e）载药功能化胶束的形成示意图

〰〰 疏水性链段；〰〰 亲水性链段；● 药物阿霉素(DOX)

图3-14 功能化胶束制备示意图

　　在脑胶质瘤的治疗中，为了找到一种载体既能识别瘤内血管、同时还能高效地穿透血管，从而实现细胞靶向性内化，有研究者围绕 PLA-PEG 展开了研究。通过在 PEG 端修饰一种可以实现高效胶质瘤细胞靶向性内化的 F3 多肽，这种 F3 多肽能够特异性结合核仁蛋白，而这种蛋白在神经胶质瘤细胞和胶质瘤内异生血管内皮细胞表面高表达。因此，F3 多肽的改性将同时促进药物载体在肿瘤组织和肿瘤细胞内的集中。在体外的三维多细胞肿瘤球模型中，这种 F3-纳米微粒（F3-NP）具有一定的识别胶质瘤细胞并内化的能力，在 tLyp-1 同时存在的情况下，F3-NP 进入细胞球的能力进一步增强，并且呈现 tLyp-1 浓度依赖性，如图 3-15 所示。而小鼠体内实验也证实了 F3-NP 具有较强的在肿瘤部位积累并进入肿瘤细胞内的能力，相比于对照组，F3-NP 和 tLyp-1 注射组小鼠的存活周期最长。

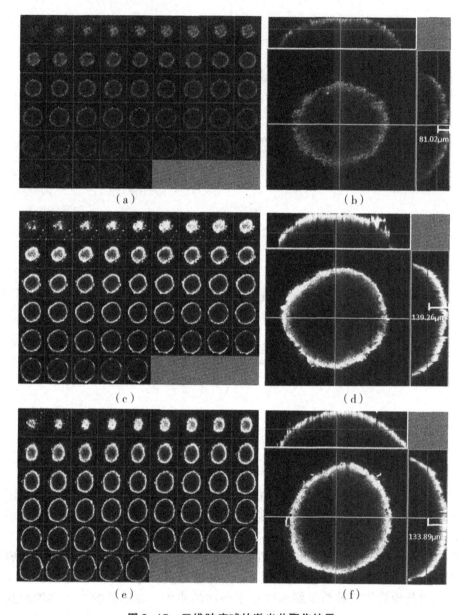

图 3-15 三维肿瘤球的激光共聚焦结果

（a），（c），（e）：纳米微粒、F3 修饰纳米微粒、含有 tLyp-1 的 F3 纳米微粒
的多层扫描图像；（b），（d），（f）：（a），（c），（e）结果的深度定量分析

2. 非 PEG 为亲水段的 PLA 基药物载体

尽管 PLA-PEG 的研究最早，而且活跃至今，但是更多的亲水性物质，

比如氨基酸、多糖，甚至 PEG 的改性聚合物，为 PLA 基聚合物在药物载体方面的研究提供了更多的选择。

在针对眼部疾病的药物载体研究中，有研究者制备了聚乳酸-葡聚糖纳米载体，其中葡聚糖（Dex）被修饰上苯基硼酸（PBA），这是一种视网膜上皮细胞表面黏着分子，可以与眼黏膜表面的唾液酸配体识别而将药物载体固定在眼黏膜的周围，如图 3-16 所示。载体内载的药物为环孢霉素 A（CycA），主要用于慢性干眼综合征，因难溶于水而很难通过普通给药方式渗透过眼膜层作用于视网膜本身。通过疏水相互作用，CycA 被包裹在 PLA-Dex 载体的 PLA 疏水核中，通过亲水层外偶联的 PBA 对视网膜的识别和特异性结合作用，使得载体在视网膜内集中，内载的药物通过 PLA 的水解而缓慢释放，持续作用于视网膜上皮细胞，改善干眼症状。

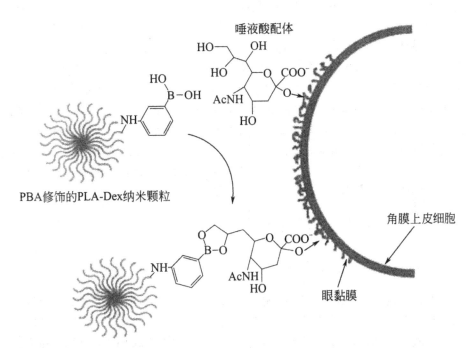

图 3-16　PBA 修饰的 PLA-*b*-dextran 纳米载体对视网膜细胞的特异性识别作用

利用聚赖氨酸取代 PEG，同时利用表皮细胞生长因子 EGFRmAb 为靶向分子，制备得到 PLA-PLL-EGFRmAb。通过双乳法，可将罗丹明 B 包括在 PLA-PLL-EGFRmAb 纳米载体中。研究证实，这种药物载体具有良好的生物相容性，且对 EGFR 表达为阳性的肝癌细胞 SMMC-7721 有很好的靶向性。激光共聚焦观察和流式细胞仪结果证实这种载体能高效而特异地被 SMMC-7721 吞噬。而体内研究也证实 PLA-PLL-EGFRmAb 纳米载体能特异性集中在肿瘤组织处，具有良好的肿瘤靶向治疗的潜力。

另一种聚多肽——聚（γ-谷氨酸）也可以取代 PEG，制备聚谷氨酸-PLA 共聚物。在靶向方面，可选取半乳糖作为肝癌细胞的靶向分子，将半乳糖胺偶联在聚谷氨酸上，最终得到肝癌靶向性的纳米载体 Gal-P/NPs。这种载体在针对肝肿瘤细胞 HepG2 的研究中表现出了极好的靶向性和疗效。相比较于已经上市的紫杉醇制剂 Phyxol，Gal-P/NPs 包裹了紫杉醇显示了更高的细胞毒性。同时，其体内的生物分布和抗肿瘤效果也优于 Phyxol。这说明纯生物来源的 γ-谷氨酸不仅没有生物毒性，而且也非常适合改性用以偶联生物靶向性分子。因此，该研究中所制备的 PLA 基 Gal-P/NPs 在肝肿瘤的靶向性治疗中极具潜力。

以聚［N-（2-羟丙基）-甲基丙烯酰胺］为亲水链段，也可以与 PLA 组成嵌段共聚物。选取两种嵌段聚合物 P（HPMA）-b-P（LLA）（P2）和 P（HPMA）-b-P（DLLA）（P3），并利用其包裹紫杉醇（paclitaxel）形成的药物载体，研究在亲水链相同的情况下，PLA 构型对载体生物学效应的影响。体外细胞研究发现，这两种聚合物均表现出了很好的生物相容性，在很高的浓度下（3mg/mL）仍然没有细胞毒性。但是作为药物载体消灭肿瘤细胞的能力却表现出了明显的区别。研究发现，与 L 型的聚乳酸相比，内消旋的 DL 型聚乳酸能显著提高能量依赖型的细胞内吞，从而提高肿瘤细胞对药物的摄取，因此 DL 型内消旋聚乳酸载体具有更低的 IC_{50}。本研究证实了聚合物的构型对其生物学应用的影响，为聚乳酸这一传统生物材料在药物载体领域的应用提供了重要的理论依据。

（二）PLA 基的环境响应型药物载体

1. 温度敏感型载体

PLA 基温敏型载体一般都是通过 PLA 与温敏亲水性物质组成两亲性的聚合物组装而成。目前温敏性亲水物质中，研究最广泛的是聚（N-异丙基丙烯酰胺）（PNIPAM）。由于其最低临界溶解温度即 LCST 为 32℃，与人体体温接近，且在实际的应用中，聚合物具体的 LCST 可以通过引入不同比例的亲水性单体高度可调，因此大量的 PLA 基温敏载体都是以 PNIPAM 为亲水链。在具体的研究中，温敏聚合物既可以作为囊泡的亲水组分也可以作为其疏水组成，从而实现温度对其组装行为和药物释放的控制。

例如，用 PLA-PNIPAM 共聚物制备的温度敏感型药物载体，粒径在 140nm 左右，其药物释放过程明显受到了温度变化的影响，如图 3-17 所示。与 PLA-PEG 制备的药物载体相比，温敏药物载体在 37℃ 条件下内载药物的释放显著加快；而与纯的 PLA 载体相比，PLA 载体主要通过水解释放药物，而温敏的 PLA-PNIPAAm 由于有亲水层 PNIPAAm 的存在，PLA 水解的速率明显减慢，温度成为其药物释放更有效的控制手段。

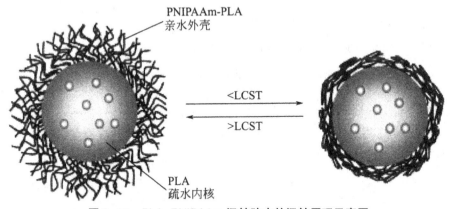

图 3-17 PLA-PNIPAAm 温敏胶束的温敏原理示意图

为使温敏性载体的响应温度更加适用于人体，可以在 PNIPAAm 的基础上引入亲水性的单体，如 DMAAm 来调节聚合物的 LCST。例如，采用 RAFT 聚合制备的 PLA-P（NIPAAm-co-DMAAm），如图 3-18 所示，可将两亲性聚合物的 LCST 调整至 40℃。通过端基的优化设计，研究者将温敏聚合物的亲水端带上绿色荧光基团 Oregon Green 488（OG），对比了温度对温敏两亲性聚合物细胞吞噬的影响。

有研究者制备了两种 PLA 基的嵌段共聚物——PEG-b-PLA 和 PNIPAM-b-PLA，将这两种聚合物按照一定的比例混合，通过自组装形成胶束，其内核是 PLA，而外壳层则是 PEG 和 PNIPAM 混杂，如图 3-19 所示。在25℃条件下，PNIPAM 呈现亲水状态，这时 PLA 的内核很容易被酶作用而降解，所以胶束可以很容易通过酶解而将内载的药物释放出来。而当温度升到45℃，PNIPAM 变为疏水收缩覆盖在 PLA 内核的外层，阻碍了酶和PLA 的接触，从而使胶束不能再通过酶解作用释放药物。该研究进一步调整了 PNIPAM 和 PEG 的比例，发现 PNIPAM 在较高温度（45℃）下形成阻碍层对 PEG 的酶解作用具有调节作用（图 3-19）。当 PNIPAM 含量较少时，高温下形成的阻碍层不足以覆盖 PLA 内核，则药物仍然可以通过酶解作用释放，但是随着 PNIPAM 含量的增加，形成的阻碍层能够全面覆盖PLA 内核从而阻断了酶解释药。

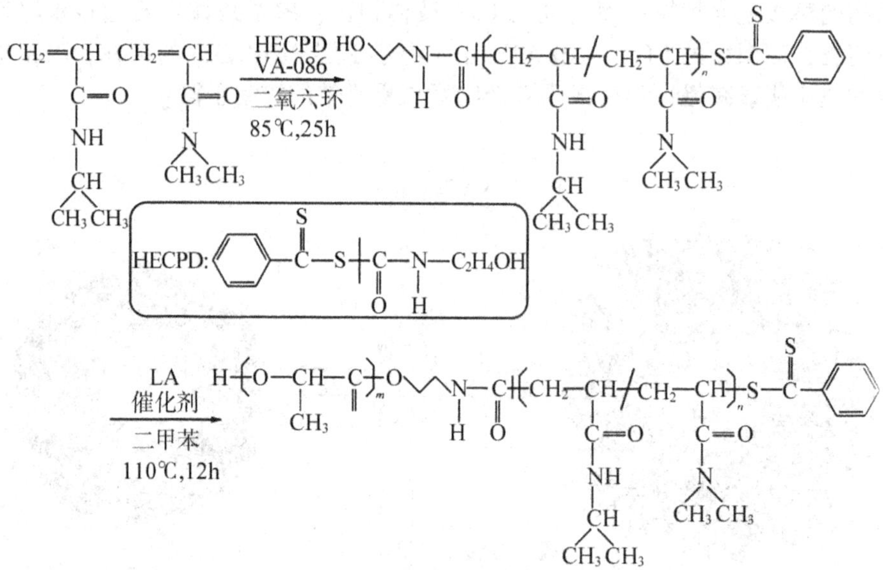

（a）PLA-P的合成途径

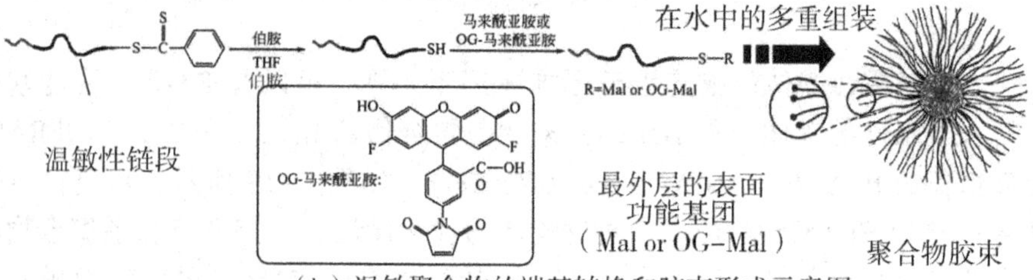

（b）温敏聚合物的端基转换和胶束形成示意图

图 3-18　温敏聚合 PLA-P 的合成和温敏胶束的制备示意图

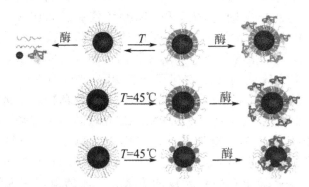

图 3-19　多重响应性胶束的制备、结构和不同条件下酶解释药原理

〜〜 PEG 〜〜〜 PNIPAM ● PLA 酶

2. pH 值敏感型载体

肿瘤组织代谢活跃，许多代谢的酸性产物无法及时排出而呈现局部偏酸；同时由于载体被细胞吞噬后一般先进入溶酶体中，而溶酶体内正好是一种偏酸性的环境（pH 值在 5.0 左右），因此 pH 值敏感型的载体在靶向肿瘤组织的同时还可实现细胞内药物释放，因此 pH 值敏感型两亲性聚合物一直是药物载体的研究重点。目前常用的 pH 值敏感性单体有 β-氨基酸酯和 L-组氨酸，这两者在 pH 值为 7.4 的环境中疏水性较强，但是在酸性环境中，由于质子化而亲水性增强。由于两者的这一特点，且生物相容性很好，因此在 pH 值敏感型载体的制备中比较常见。

例如，用聚 β-氨基酸酯（PAE）设计的 pH 值敏感的药物载体，载体由两种功能性聚合物构成，一种是 PEG 亲水端修饰以肿瘤靶向性多肽（AP peptide，CRKRLDRN）的 PLA-AP-PEG，另外一种则是 pH 值敏感的两亲性聚合物 MPEG-PAE。由于 PAE 在 pH 值为 7.4 的环境中为疏水，两种聚合物在生理环境中共混自组装成胶束载体，内载药物阿霉素。该药物载体进入人体内后，可以通过 AP-PEG-PLA 与肿瘤细胞特异结合并进入细胞。当进入细胞后，在溶酶体 pH 值为 5 的环境中，PAE 由疏水变为亲水，导致疏水内核不稳定，胶束解体，从而将阿霉素释放出来，如图 3-20 所示。

由于在肿瘤细胞复制过程中，需要大量的铁离子，那么癌变部位对铁离子的需求量较正常组织更高，采用铁离子螯合剂作为治疗癌症的制剂就可以抑制癌症细胞的增殖。但是，铁离子螯合剂一般都是疏水性的，在体内环境中的有效浓度太低；其次它的剂量针对心脏组织还有毒性效应（会造成心脏组织纤维化）。研究者利用 β-氨基酸酯设计了一种 PLA 基的 pH 值敏感型超支链高分子聚合物 HPAE-co-PLA，用于铁离子螯合剂 Bp4eT 的靶向控释。体外药物释放实验证实该药物倾向于在酸性环境中释放，而抑制肿瘤细胞增殖的实验则证实裸药和被包裹的药都显示出相同的抑制肿瘤细胞增势的能力，并且具有相同的时间和剂量依赖性。再采用显微镜观察这种具有荧光性的纳米颗粒被细胞吞入后的定位和代谢过程，发现绝大多数纳米颗粒都是进入了溶酶体，因此这种 pH 值敏感型载体可实现 Bp4eT 在细胞内的有效传送。

在另一种 pH 值敏感的 PLA 基药物载体设计中，研究者将纳米载体的疏水内核设计成 pH 值敏感性，由 pH 值敏感的 β-氨基酸酯和乳酸无规共聚而成，而其亲水的外壳由聚乙二醇构成，如图 3-21 所示。在生理条件（pH = 7.4）下，pH 值敏感的 PAE 完全疏水，但当 pH 值下降到 6.5，PAE 因带正电荷而水溶性大大增加。因此，该胶束载体的大小和表面电荷随着 pH 值的降低而升高。进一步的体外药物控释研究发现，在生理条件（pH 值为 7.4）下，该药物载体只能释放 20%~30% 的药物，但是当 pH 值降至 6.5，内载药物能释放出 50%，当 pH 值进一步降至 5 时，药物的释放能达到接近 100%。细胞实验也证实该药物载体靶向性作用于肿瘤细胞 HepG2 的效率很高，加载药物阿霉素（DOX）后的载体表现出很高的细胞毒性。

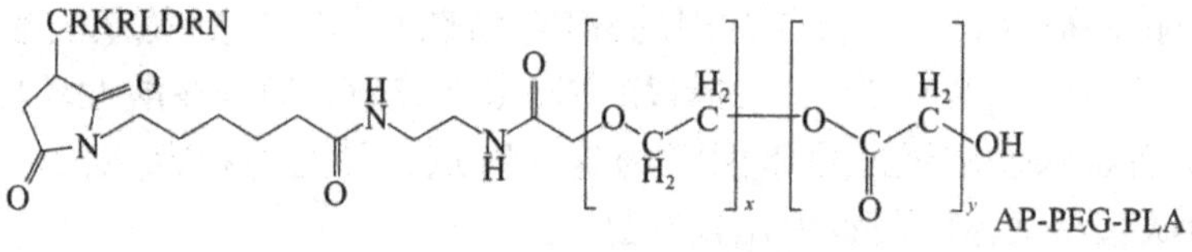

（a）AP-PEG-PLA的化学结构图

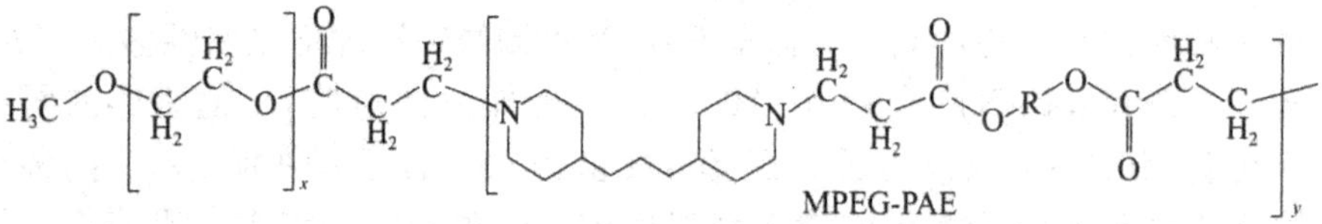

（b）pH值响应的MPEG-PAE化学结构图

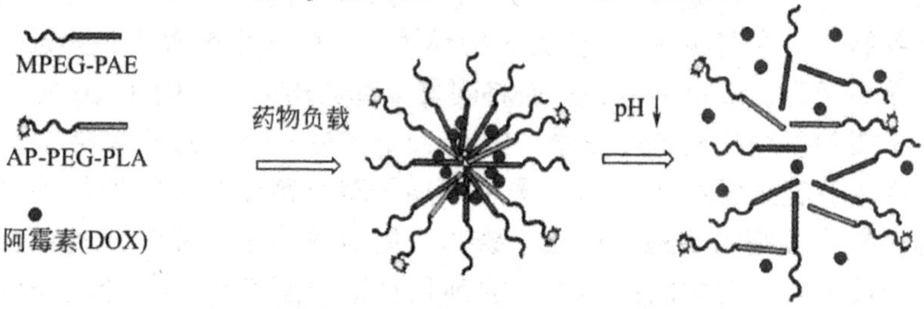

（c）肿瘤靶向的pH值响应型胶束的结构和药物释放示意图

图 3-20　肿瘤靶向的 pH 值响应型胶束的制备流程

L-组氨酸也可以用于构建 pH 值敏感型药物载体。研究者利用其制备了两种功能性的两亲性聚合物 PLA-PEG-FA 和 poly（His-co-Phe）-b-PEG，前者带有 FA 靶向，而后者则有 pH 值敏感性。将两种聚合物共混后制备载药胶束，DOX 在胶束中的含量达到 20%。在体内研究中，这种 pH 值敏感型载体非常稳定，可以在体内长时间循环而不被代谢掉。通过 pH 值和叶酸的双重靶向，体内注入后很快就能在肿瘤组织处观察到载体的存在。研究发现，这种 pH 值敏感型的药物载体可以选择性地抑制耐药肿瘤的生长，而且还改善了实验动物的生存质量，材料组的动物随着治疗周期的推移而体重出现了明显的增长。这些研究结果直接从体内研究证实了这种 pH 值敏感型药物载体的在肿瘤治疗，特别是耐药肿瘤治疗中的有效性，说明 pH 值敏感和叶酸双靶向是治疗耐药肿瘤的有效途径。

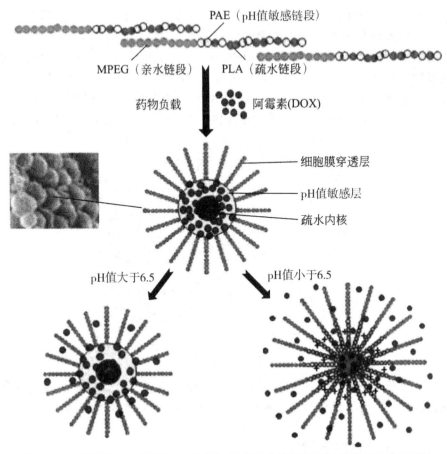

图 3-21　MPEG-*b*-（PLA-*co*-PAE）载药胶束的制备流程和药物释放示意图

第四节　聚乳酸在食品包装领域的应用

一、薄膜

随着应用领域的扩大和技术进步，PLA 薄膜在包装中的应用在不断快速发展。最初是由单层的薄膜进行表面印刷以后，制成各种袋子，如蔬菜包装袋、购物袋、垃圾袋等。随后开发出具有不同功能的共挤出多功能多层 PLA 薄膜，充填包装方式也由最初的以手工为主发展到能够进行各种自动充填包装。进一步地，由多种绿色塑料层积或者纸复层积形成的、有更多功能的聚乳酸包装材料也陆续开发问世。

利用 PLA 为基材，采用另一种可降解高分子树脂 PBAT 对其进行共混改性，可大幅度增加 PLA 的柔韧性和拉伸性，使得 PLA 能够达到吹膜的加工要求，如图 3-22 所示。该改性树脂可 100% 生物降解，具有良好的生物相容性，并具有与聚酯类似的防渗透性，同时具有与聚苯乙烯相似的光泽度、清晰度和加工性能。遗憾的是，PBAT 是非生物质来源的可降解材料，因此 PBAT 在带来更优的薄膜性能的同时，牺牲了 PLA 的生物质含量水平。

图 3-22　PLA 薄膜

一般通过熔融吹膜加工的聚乳酸及其改性薄膜，可以被加工成各种鲜花包装膜、机器外设包装膜、超市食品安全袋、农用地膜等产品。

二、耐热食品容器

一次性食品容器主要由片材真空成型和压空成型设备生产，耐久性食品容器由注射成型设备生产。PLA 未拉伸片材的成型加工性能优良，通过热成型（真空或压空）可以制备成托盘、杯子、碗等各种一次性食品容器，如图 3-23 所示。这些容器虽然具有优异的透明性，但是耐热性差，除了不能盛装热水，不能用微波炉加热的缺点，在加工保管过程中也存在容易热变形的问题。

日本 UNITIKA 公司通过与层状硅酸盐纳米复合开发了耐热性的 PLA 树脂，该树脂在制品耐热性和热成型生产效率方面完全满足要求。这种耐热 PLA 树脂生产的发泡和未发泡食品容器耐热温度在 120～130℃ 以上，曾经在 2005 年日本爱知世界博览会上大量使用，其性能超出了市场上的一次性杯子和托盘常用的 PS 复合材料，能够与使用量渐增的面向微波炉加热制品的填充 PP 材料制品匹敌。

图 3-23　一次性餐盒

欧洲的食品包装材料生产商 Amprica 正在用 PLA 代替现有的塑料 PET、PVC 和 PS，用于面包和方便食品的包装。法国茶叶生产商 Le Dauphin 将 PLA 膜 Biophan 与纸的复合材料用于茶叶包装中，该材料还适合包装含脂量高的奶油、干奶酪和各种糖果等。意大利、法国、丹麦、比利时、荷兰等国均已将各种 PLA 材质的盘、杯、瓶、网袋、包装箱用于水果、蔬菜、低温新鲜食品（如面食、肉、沙拉）等的包装。

ALKenMaes 啤酒公司在 2004 年比利时的音乐节期间共用了 150 万个聚乳酸杯盛装啤酒，这种杯外观和手感与传统塑料杯一样。聚乳酸杯也已经用于爱尔兰和英国的冷饮料行业。爱尔兰 Tipperory 天然矿泉水公司计划将一次性饮料杯全部改用 PLA 杯子，年用量将达 3000 万个。法国达诺内奶制品公司已开发在聚乳酸中掺入矿物质后根据需要加工成的奶盒、奶杯等包装产品。

耐热性 PLA 制成的杯子作为漱口杯或咖啡杯套装，具有健康安全、高温使用无异味、耐热 110℃、可进微波炉和洗碗机等优点。

第五节　聚乳酸共聚/混物的应用与前景展望

聚乳酸及其共聚物具有良好的生物相容性和可生物降解性以及较好的机械强度、热成型性和较高的弹性模量，并且 PLA 和 PLGA 均已被美国 FDA 认证可用于人体，因而在过去的几十年中被广泛地研究，并已成功地在手术缝合线、防粘连膜、骨科、药物载体等领域得到了实际应用。然而，聚乳酸也存在韧性差、疏水性高及细胞亲和性较弱等缺点，需要根据具体用途对其进行改性，这也在一定程度上限制了其大规模使用。在将来的研究中，需要继续对聚乳酸的制备和性能进行针对性的改进，比如避免使用金属催化剂等，并扩展其应用领域。此外，目前学术界对聚乳酸在生物医学领域应用的研究成果非常多，但真正规模化生产和使用的产品却不多，有限的一些产品也往往被国外企业所垄断，病人使用时需要高价进口。因而在今后的研究中，除了开发优异性能的产品以外，还需要重视其生物安全性评价和体内性能的评价，从而推动聚乳酸类产品在临床上的产品化和实际应用。

PLA 主要应用在包装、纤维等领域，从国内外公开的专利来看，PLA 在纤维和包装方面的应用正在成为热点，主要原因是：以乳酸为原料生产的 PLA 的性能由于能与聚乙烯、聚丙烯、聚苯乙烯等材料相媲美，被产业界称为目前最有发展前途的新型包装材料。事实上，PLA 应用的范围还很广，如汽车内饰、电子产品、日用塑料制品、石油及页岩气的开采等。目前只是还存在聚乳酸价格较高、部分性能（如耐热性差、脆性大、加工困难等）有待改进，限制了其推广应用。

纤维材料及其制品在人类生活中扮演着不可或缺的角色，成为对国计民生有重要影响的产业，然而随着人类对世界环境破坏程度的日益加剧，可持续发展和产品的降解性能必然会成为未来纺织工业的终极追求。因此，将来对可抛弃式产品如卫生巾、纸尿裤、护理垫等一次性卫生用品；医用手术服、医疗床单、手术盖布、绷带、纱布、医用敷料、消毒包装材料等一次性医用耗材；农膜、种子培植、育秧、防霜及除草用布等农用材料；工业及日常生活用湿巾和擦布等；室内装饰材料、床上用品和服用材料等的需求将不断增长，而上述应用领域正好符合聚乳酸纤维的良好生物相容性、低毒性、天然抑菌性和生物降解性，不易燃、抗紫外线性能强和导湿性优良等综合特性，也是大部分天然纤维和合成纤维所不具备的特质，因而大力研发聚乳酸纤维制品，推进聚乳酸产业链的形成及延伸，推动聚乳酸产业化的快速发展，迅速在国际市场上抢占先机、实现价值，是社会可持续发展及建设生态友好型社会的必由之路。

PLA 从可再生资源中生产，有利于减少人类对石油资源的依赖性，随着人类对环保的日益重视，PLA 改性技术的发展以及应用领域的不断开发，PLA 材料有望大规模工业化生产并成为未来重要的生物基材料之一。

第四章　聚羟基脂肪酸酯材料及应用

聚羟基脂肪酸酯（PHA）是微生物体内的一类 3-羟基脂肪酸组成的线型聚酯，PHA 基本结构如图 4-1 所示。其分子量多为 $5×10^4 \sim 2×10^7$ 不等。单体的羧基与相邻的单体的羟基形成酯键，单体皆为 R-构型。不同的 PHA 主要区别于 C_3 位上不同的侧链基团，以侧链为甲基的聚 3-羟基丁酸（PHB）最为常见。PHA 的结构变化几乎是无限的，不仅侧链的 R 可以有许多变化，主链单体链长 m 目前已发现可以至少从 $1 \sim 3$ 变化。另一方面，不同的单体还可以形成不同的共聚物，包括二元共聚物如 3-羟基丁酸（HB）和 3-羟基己酸（HHx）的共聚酯 PHBHHx，三元共聚物如 3-羟基丁酸、3-羟基戊酸（HV）和 3-羟基己酸（HHx）的共聚酯 PHBVHHx。同时，单体在共聚物中比例的变化也带来共聚物性能的许多变化。此外，根据单体的不同排列方式，PHA 还可以形成均聚物、无规共聚物和嵌段共聚物等多种结构（图 4-1）。均聚物由结构相同的单体聚合而成，无规共聚物由两个或两个以上的不同单体通过化学键结合形成。

第一节　聚羟基脂肪酸酯的生理功能

PHA 是细菌在生长条件不平衡时的产物，其生理功能首先是作为体内的碳源和能量的储存物质。当细菌的生长环境中缺乏某种或某些生长必需的营养物质，如氮、磷、镁等，而又有过量的碳源存在时，细菌体内氧化还原失衡、能量和还原当量过剩，细菌需要把多余的能量以物质的形式储存起来；而 PHA 是一种渗透压惰性的高分子物质，其在胞内的大量积累不会影响细胞内的渗透压，所以是一种理想的储存材料；而当环境中缺乏碳源，其他营养元素充足时，PHA 又可作为碳源被降解和重新利用。另外，PHA 的合成还提高了微生物在逆境中的生存能力，利用这种能力可对其他微生物的生物代谢流和抗逆性进行调节。

低聚的 3-羟基脂肪酸酯（OHA）对哺乳细胞的生长有很大的影响，包括促进细胞的生长和凋亡，其机制可能与 OHA 促进钙离子通道的活跃有很大的关系。PHA 的降解单体同样也被发现有促进钙离子通道活跃的功能。

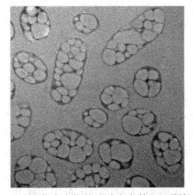

（a）以细菌内含物的形式存在的PHA颗粒

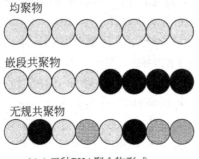

均聚物

嵌段共聚物

无规共聚物

（b）三种PHA聚合物形式

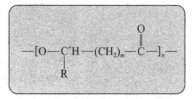

$$-[O-C^*H-(CH_2)_m-\overset{\overset{\displaystyle O}{\|}}{C}-]_n-$$
$$\quad\quad\;\; R$$

结构	中文名	缩写
m=1		
R=氢	聚3-羟基丙酸	P(3HP)
R=甲基	聚3-羟基丁酸	P(3HB)
R=乙基	聚3-羟基戊酸	P(3HV)
R=丙基	聚3-羟基己酸	P(3HHx)
R=丁基	聚3-羟基庚酸	P(3HHp)
R=正戊基	聚3-羟基辛酸	P(3HO)
R=己基	聚3-羟基壬酸	P(3HN)
R=庚基	聚3-羟基癸酸	P(3HD)
R=辛基	聚3-羟基十一酸	P(3HUD)
R=壬基	聚3-羟基十二酸	P(3HDD)
R=十一烷基	聚3-羟基十四酸	P(3HTD)
m=2，R=氢	聚4-羟基丁酸	P(4HB)
m=3，R=氢	聚5-羟基戊酸	P(5HV)
HA表示中长链的单体统称		

（c）结构通式和举例

**图 4-1 自然条件下，以细菌内含物的形式存在的 PHA、
三种 PHA 聚合物形式及其结构通式和举例**

PHA 的生物合成相关蛋白的编码基因用字母顺序指代，如 phaA（β-酮硫解酶基因）、phaB（乙酰乙酰辅 A 还原酶基因）、phaC（PHA 合成酶基因）、phaG（3-羟基酯酰-酰基载体蛋白-辅酶 A 转移酶基因）、phaJ（烯酰辅酶 A 水合成酶基因）等。相反，对于降解过程中的酶基因用反字母顺序命名，如 phaZ 表示 PHA 解聚酶基因，还有 phaY、phaX、phaW 等。Phasin 基因和调节蛋白基因分别表示为 phaP 和 phaR。其他相关基因：phaD 表示中链 PHA 合成的调节因子；phaE 表示 PHA 合成酶的亚单位；phaF 表示中链 PHA 颗粒结合蛋白基因。

第二节　聚羟基脂肪酸酯的材料学性质

PHA 是由具有光学活性的 R-3HA 单体组成的线型高分子化合物，其材料学性质主要是由其单体组成决定的。由于 PHA 的单体种类多样、彼此之间链长差别很大，这就使不同的 PHA 材料学性质有很大的不同，从坚硬质脆的硬塑料到柔软的弹性体。表 4-1 列出了几种 PHA 和传统塑料的性能比较。

表 4-1 PHA 和传统塑料的性能比较

材料	熔点 T_m/℃	玻璃化温度 T_g/℃	拉伸强度/MPa	断裂伸长率/%
PHB	177	4	43	5
PHBV（20%，摩尔分数）	145	-1	32	—
PHO	61	-35	10	300
PHBHHx（10%，摩尔分数）	151	0	21	400
PHBHHx（17%，摩尔分数）	120	-2	20	850
PHBHHx（25%，摩尔分数）	52	-4	—	—
PHO	61	-35	10	300
PP	186	-10	38	400
PET	262	—	56	8300
HDPE	135	—	29	—

注：PP 为聚丙烯；PET 为聚对苯二甲酸乙二醇酯；HDPE 为高密度聚乙烯；PHO 为含 4%（摩尔分数，下同）C_{10} 单体、80% C_8 单体和 10% C_6 单体的 PHA 共聚物。

PHA 在某些性能上类似于传统的热塑性塑料，但因为它是由微生物合成的，因此，它还具有一些独特性质，包括生物可降解性、生物相容性、疏水性、光学异构性等。这些性能在一定程度上与手性单体有关系。目前使用最多的是 PHB、PHBV 和 PHBHHx 三种 PHA 材料。

第三节 聚羟基脂肪酸酯在医药领域的研究和应用

聚羟基脂肪酸酯（PHA）是一类由细菌在其生长环境中碳源和氮源供应不均衡条件下合成的可以被生物所降解的无细胞毒性的热塑性聚酯；在细菌体内，PHA 的生理功能是碳源和能源的储备物质。

一、PHA 作为手术器械材料的研究

作为一类具有良好生物相容性、热塑性以及广泛可调的力学性能的高分子生物材料，PHA 能够被加工成各种临床手术中所使用的医疗器械。

（一）手术缝合线

手术缝合线是指在外科手术或者外伤处理过程中，用于结扎止血、缝合止血和组织缝合的特殊线，可以分为可吸收缝线和不可吸收缝线两大类。作为医用的缝线，首先必须是无菌，表面应光滑，色泽均一，条干均匀且无污渍，具有一定的拉伸强度。缝线的生物性能也有严格的要求，例如细胞毒性试验反应不大于一级，皮内刺激试验应为无刺激性，植入试验无明显炎症反应等。从 20 世纪 60 年代开始，化学合成的可吸收缝合线，如 Vicryl、Dexon、PDS II 以及 Maxon，逐渐被广泛应用以取代不可吸收缝合线，使病人免受缝合线拆除手术带来的痛苦。PHA 具有良好的热塑性和弹性强度，由于其来自于微生物发酵产物，可降低在植入过程中慢性免疫反应和细胞毒害的发生。

将 PHB 和 PHB/PHV（PHBV）制作成的手术缝合线植入肌肉组织中，切片观察结果如图 4-2 所示。除了短期的术后反应，PHA 缝线的品质、强度和炎症时间与植入蚕丝相似，产生的炎症的反应比羊肠线植入显著降低很多，这说明 PHB 和 PHBV 在植入后会降低炎症反应发生率，同时，PHBV 的纤维能够提供足够的机械强度来满足肌肉组织的需求。PHBV 降解实验表明，在磷酸盐缓冲液中能观察到 pH 值变化，这说明 PHBV 有一定的降解性。抗菌药物呋喃唑酮（furazolidone）被包裹到 PHB 缝合线中，能进一步加强缝合线的抗感染性。

PHB 和 PHBV 有很好的生物相容性，但是其物理性能上的弱点使其在加工和应用中受到了很大的限制。中长链 PHBHHx 相对于 PHB 有更好的力学性能和加工性能。随着羟基己酸（HHx）含量的增加，从 PHB 到 P（3HB-co-20%HHx），材料表面的孔洞减少且更加光滑，这可能由于随着 HHx 单体含量增高，材料的结晶度更低，聚合物链排列的柔性增强，孔洞减少。除了 PHB 和 PHBV，P3HB4HB 也被尝试做成单纤维手术缝合线，其侧面有明显的纵向拉伸痕迹，横截面内有少量的轴状空洞（图 4-3）。

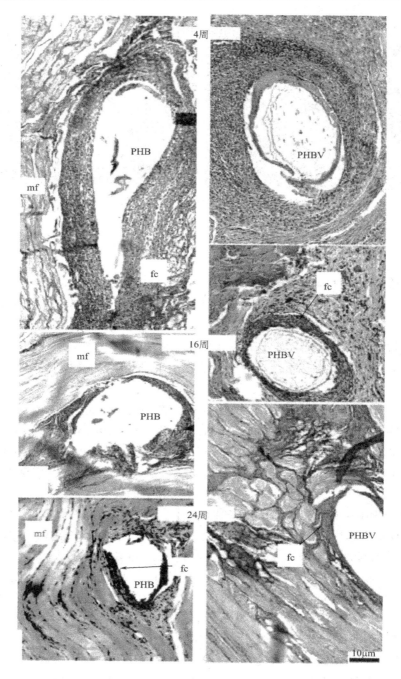

图4-2　PHB 和 PHB/PHV 缝合线植入肌肉组织后的周围组织形态
fc—纤维囊；mf—肌纤维

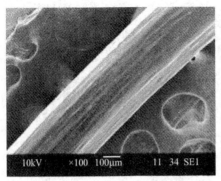

图 4-3　冷拉丝技术制成的 P3HB4HB 纤维侧面及横截面形态

(二) 防粘连膜

防粘连膜 (tissue adhesion prevention) 是手术时用的辅助植入器械, 它能起到生物屏障隔离作用。作为注射植入材料, 防粘连膜, 包括溶剂, 必须有良好的生物相容性, 无免疫原性, 对人体安全无毒害, 并且膜要柔软且有韧性, 能随意折叠、弯曲甚至卷起。最好能够在植入后一定时间内降解, 从而使术后伤口快速修复。目前研究较多的防粘连膜材料是聚乳酸 (PLA)。

与 PLA 相比, PHBHHx 防粘连膜具有更好的防止组织粘连作用: 利用对机体无害的有机溶剂, 如 N-甲基吡咯烷酮 (N-methyl pyrrolidone)、二甲基乙酰胺 (dimethylacetamide)、1,4-二氧六环 (1,4-dioxane)、二甲基亚砜 (dimethyl sulfoxide)、1,4-丁内酯 (1,4-butanolide) 作为溶剂来溶解 PHBHHx (质量分数为 15%), 将溶液注入大鼠的腹腔内, 由于体液与两亲分子 PHBHHx 相互作用, 在腹腔内形成了白色 PHBHHx 薄膜, 且 PHBHHx 材料能够在术后至少 7d 的时间内维持膜完整性, 比 PLA 防粘连膜能够给予组织更长时间的保护; 体外实验发现肺成纤维细胞在不同溶剂溶解的 PHBHHx 膜上生长 48h 后细胞呈圆形, 而在 PLA 和细胞培养板上细胞呈纤维状, 进一步说明细胞在有机溶剂溶解的 PHBHHx 膜上不容易黏附。

二、PHA 作为药物载体材料研究

作为生物可降解聚合物的一员, PHA 显示了其作为药物微纳载体的应用潜力。目前已经报道其被应用于抗癌药物、代谢抑制剂、胰岛素、抗生素、止痛剂甚至农药的控释系统 (drug controlled release system) 中。在

PHA 家族中，目前主要用于药物控释系统的只有 PHB、PHBV 和 PHBHHx 三种或相关的衍生物，这是由材料来源和材料性质决定的。

和其他用于药物微纳载体的高分子材料一样，PHA 微纳载体主要采用传统的溶剂挥发法制备。

在 20 世纪 90 年代，PHB、PHBV 和 P3HB4HB 抗生素包裹载体在急性骨髓炎治疗中发挥了积极的作用，持续缓释药物最长能够达到 20d。

PHB 与聚环氧乙烷（PEO）共聚形成 PEO-PHB-PEO，能够实现自组装，增强通透性和保留效应，使抗肿瘤药物更多地积累在癌症组织。PHB-PEG-PHB 纳米颗粒无细胞毒性，它的起始降解速率与 PHB 嵌段的长度有关。PHB 与聚丙二醇（PPG）和聚乙二醇（PEG）共聚后，包裹到明胶中，通过三者比例以及明胶含量调节可控制载体降解速率，能够实现 1～60d 的药物缓释。

一种可持续释放 P13K 抑制剂（TGX 221）的 PHBHHx 的纳米颗粒（NP），可用来阻止癌细胞的扩散。P13K 通路常常与人类各种癌症相关，在癌症细胞的生长和生存中扮演着重要角色。目前，已知的几个 P13K 抑制剂在体外的试验中表现出强效的 P13K 抑制作用，但由于这些抑制剂自身的特点（如很低的溶解性、不稳定和快速的等离子清除率）使其在动物癌症模型的试验中药效不明显。基于 PHB 和 PHBHHx 包裹了 P13K 抑制剂（TGX 221）的纳米颗粒能缓慢释放出 TGX221，这将改善 P13K 抑制剂都存在的低生物利用率和快速的体内衰亡问题（图 4-4）。与未做任何处理的 TGX 221 相比，PHB 纳米颗粒能有效地减缓癌细胞的增长，为 P13K 阻滞剂在治疗癌症中提供新的思路和方法。

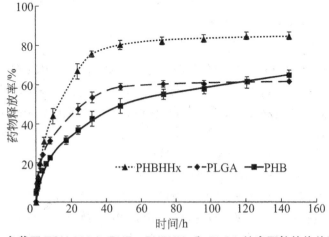

图 4-4　负载了 TGX 221de PHB、PHBHHx 和 PLGA 纳米颗粒的体外释放曲线

除了 SCL-PHA，MCL-PHA 因为具有更低的玻璃化转变温度，能够延长药物释放时间，也被应用于药物载体领域研究。Wang 等用 poly（3HHx-3HO）材料作为药物包裹显示出对于经皮模型的良好黏附性和渗透性，所有检测的模型药物都可以很好地从 PHA 基质中分散到皮下，能够作为皮肤用药的促渗透剂来使用。

PHA 载体的靶向给药可以通过 PHA 颗粒表面蛋白 PhaP 对 PHA 微纳载体颗粒进行修饰来实现。2008 年，Yao 等找到一种以 PHA 颗粒为核心，基于 PhaP 蛋白的靶向药物传递系统，原理如图 4-5 所示。

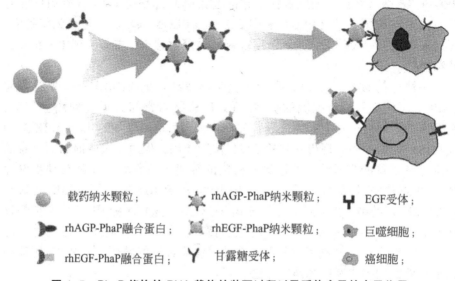

载药纳米颗粒；　　rhAGP-PhaP纳米颗粒；　　EGF受体；

rhAGP-PhaP融合蛋白；　　rhEGF-PhaP纳米颗粒；　　巨噬细胞；

rhEGF-PhaP融合蛋白；　　甘露糖受体；　　癌细胞；

图 4-5　PhaP 修饰的 PHA 载体的装配过程以及受体介导的内吞作用
EGF—表皮生长因子；rhAGP—重组 α-酸性糖蛋白；
rhEGF—重组表皮生长因子

PhaP 是一种 PHA 颗粒结合蛋白，能够主动结合到 PHA 颗粒表面；将 PhaP 蛋白与一些特异的细胞表面受体的配体蛋白，如巨噬细胞表面受体的配体——甘露糖基化的 α-酸性糖蛋白（mhAGP）或者肝细胞表面受体的配体——人表皮生长因子（hEGF），进行蛋白融合表达，用这种 PhaP 融合蛋白修饰 PHA 颗粒表面，就能够使罗丹明 B 异硫氰酸酯（RBITC）标记的 PHA 载体靶向巨噬细胞或者肝细胞（图 4-6）。

PhaP 修饰 PHA 载体的装配过程可以被简化。Parlane 等通过融合蛋白的方法，直接把组织特异性蛋白抗体连接到 PHB 颗粒上；将病毒抗体多肽片段与 PHB 颗粒结合蛋白 PhaC 融合表达，细菌合成 PHB 的同时会将 PhaC-抗体多肽片段装配到 PHB 纳米颗粒的表面，直接在菌体内实现"靶向"蛋白修饰（图4-7）。

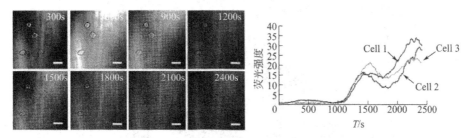

（a）rhAGP-PhaP结合的PHA纳米颗粒与巨噬细胞共培养

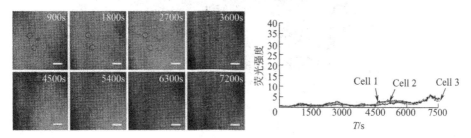

（b）未做处理的PHA纳米颗粒与巨噬细胞共培养

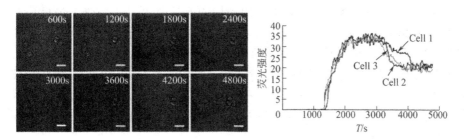

（c）rhAGP-PhaP结合的PHA纳米颗粒与Bel8402细胞共培养

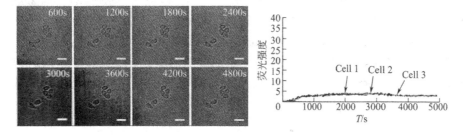

（d）未做处理的PHA纳米颗粒与Bel8402细胞共培养

图4-6 巨噬细胞胞吞药物载体的动力学

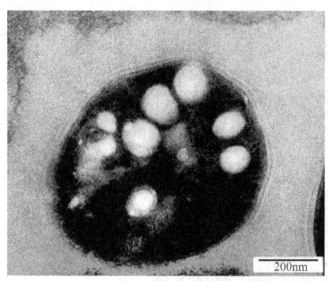

图 4-7　乳酸乳球菌中表达带有 PhaC 融合的病毒抗体的 PHB 颗粒

图中 PHB 颗粒大小为 50~150nm

　　2011 年，Lee 等的研究中使用 PHA 体外合成系统实现了对装载了药物的 PHB 纳米载体的表面蛋白修饰，原理如图 4-8 所示：表面修饰的反应系统是在 100μL 缓冲液中加入预先包裹有药物的 PHB 纳米颗粒（直径大约 200nm），PHA 合成反应前体 3-HB-CoA（3-hydroxybutyryl-coenzyme A），以及融合有细胞识别肽 RGD4C 的 PHA 合成酶 PhaC。重组 PhaC 在催化颗粒表面 PHB 分子链加长反应时结合到纳米颗粒表面，从而达到对 PHB 药物载体表面修饰的目的。表面修饰后的 PHB 纳米颗粒直径增加了 46nm（图 4-9）。

　　纳米金粒子（AuNP）也可以通过与 PhaC 蛋白结合实现对 PHA 微纳颗粒进行表面修饰。2011 年，Rey 等制造出 AuNP 包被的 PHB 微粒，与未经修饰的 PHB 颗粒相比，表面增强拉曼散射（surface-enhanced Raman scattering）信号增强 11 倍，荧光强度（fluorescence intensity）增加 6 倍；AuNP 包被的 PHB 微粒在被 808nm 光照射时更快地散发热量，是未经修饰的 PHB 颗粒的 3.9 倍，因而，这种颗粒有望被开发为特殊的热量驱动型药物释放载体。

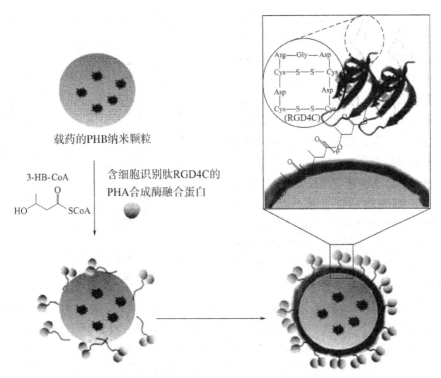

载药的PHB纳米颗粒

3-HB-CoA

含细胞识别肽RGD4C的
PHA合成酶融合蛋白

图 4-8　应用 PHA 体外合成反应实现对 PHB 药物载体的表面蛋白修饰

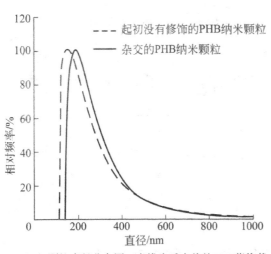

- - - 起初没有修饰的PHB纳米颗粒
——— 杂交的PHB纳米颗粒

（a）颗粒直径分布图，虚线为反应前的PHB药物载
体颗粒，实线为反应后的PHB药物载体颗粒

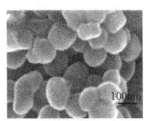

（b）没有杂交修饰反应前的
PHB纳米颗粒表面形态

（c）杂交修饰反应后的PHB
纳米颗粒表面形态

图 4-9　表面蛋白修饰后的 PHB 纳米颗粒直径增加

由于 PHA 是疏水性材料，因此亲水性药物包裹是 PHA 载体应用的一项难题。2012 年，Peng 等最新的研究中，用两步乳化法实现了用 PHBHHx 纳米载体来传递疏水性的胰岛素：首先将胰岛素与大豆卵磷脂（soVbean lecithin）以一定比例溶于醋酸–DMSO 中，混匀后冻干除去溶剂得到胰岛素与磷脂结合的微粒；再与 PH-BHHx 一起溶于氯仿中，然后加入含有一定比例的泊洛沙姆 188（F68）和脱氧胆酸钠（DOC-Na）水相并超声乳化，最后旋转蒸发除去有机溶剂得到纳米级的胰岛素–磷脂–PHA 颗粒载体，如图 4-10 所示。

图 4-10　胰岛素–磷脂–PHA
纳米颗粒载体组成

凭借 PHBHHx 载体的包裹缓释，极大地提高了胰岛素的生物利用度，皮下注射胰岛素–磷脂–PHA 颗粒载体后血糖值可以在较长时间内保持在一个较稳定的范围内，远远超过普通的胰岛素制剂，在很大程度上提高患者依从性（图 4-11）。这项研究也为 PHA 亲水药物载体的研究提供了借鉴。

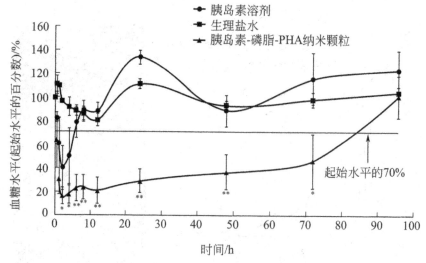

图 4-11　皮下注射胰岛素后血糖水平和时间的曲线

第四节　聚羟基脂肪酸酯在塑料工业领域的研究和应用

PHA 的无毒性、生物相容性、生物可降解性、良好的热加工性能、可由再生能源生产、高聚合度、高结晶性、光学活性、重复单元具有立体结构规整性、不溶于水等特性使其相对于源于石油化工的聚丙烯（PP）极具竞争力。

起初，PHA 用于包装膜，主要用于袋、包装箱、纸的包装。类似于传统塑料，PHA 用于诸如剃刀、器具、尿布、妇女卫生用品、化妆品的包装——香波瓶或杯等。除了作为极有潜力的塑料制品材料，作为具有立体异构性化合物，PHA 还可以作为光活性化合物合成的前体。这些化合物可用于长期使用的药物、激素、杀菌剂、除草剂等的可降解载体。此外因 PHA 具有压电性，可用于骨形成的材料以促进骨的形成和骨片、外科手术缝线，也可用于血管等其他替代物。但是在医药领域的应用因其降解速率较慢、疏水性较强而受到了一定的制约。PHA 还被认为是手性化合物合成前体以及生产涂料的原料。此外，PHA 易被解聚为大量具有光学活性的、纯的多功能羟基酸，例如 PHB 可降解为（R）-3-羟基丁酸而被用于合成 Merck 公司治疗青光眼的药物"Truspot"。随后，（R）-1,3-丁二醇也被用于合成 β-内酰胺。而植物衍生的 PHA 可经过降解，直接或经过酯化后制成各种化合物。除了能替代现存的溶剂以外，β-羟基酸酯及其衍生物还可发展成为"绿色溶剂"，例如将羟基酸转化成丁烯酸生产 1,3-丁二醇、内酯酸等，因其有巨大的市场需求而可增加其市场附加值。

PHA 的工业化产品 1990 年被英国帝国化学工业公司（ICI）公司注册商业化商标 Biopol™，当时产量超过 1000t/a。清华大学于 1999 年首次成功地进行了新型聚酯——PHBHHx 的工业化生产。同时，一些新的 PHA 材料已经开始工业化生产，如 PHBVHHx。

一、对 PHA 降解性能的改性

PHA 作为一种可降解的材料，原始状态并不能完全满足工业产品的要求。所以，为了使 PHA 能更好地应用在塑料工业，常采用各种方法对其进行改性，以满足不同要求的力学性能和降解行为。

（一） 物理修饰对 PHA 降解的影响

共混改性是一种常用的改变降解性能的物理修饰方法。将 PHB 和 PEG 共混后能减少血小板的吸附，延长血液凝固时间，同时能增加活细胞的数目。PHB 和 PEG 共混后增大表面的粗糙度，从而加速降解。类似的研究也发现，将 PLA 或 PEG 和 PHBV 共混也能加速 PHBV 的降解，但是对 PHO 却没有明显的影响，可能的原因是 PLA、PEG 的加入能降低 PHBV 的高结晶度，从而加速 PHBV 的降解。而 PHO 和 PLA、PEG 的相容性比较差，有较明显的相分离现象发生。同时，PHO 本身的结晶度并不高，所以 PLA 和 PEG 的共混对 PHO 的降解并没有大的影响。PHO 因为有疏水性很强的烷基基团，水分子很难进入，因此水解很困难。而将 PHO 和低分子量的 PLA（$M_n = 1100$）低聚物共混后则能加快 PHO 的降解，尽管 PHO 和 PLA 低聚物也不能完全相容。在一个月的降解后，共混物中没有 PLA 的存在，同时 PHO 的降解速率也有了较大的提高。在 5 周的时候，共混物中 PHO 的重均分子量的减少是纯 PHO 的一倍左右。

通过将 PHBHHx 和明胶共混后发现在 2 个月的降解中，随着明胶含量的升高，共混膜的质量丢失也逐渐增多。在单纯的 PHBHHx 中，2 个月后的质量丢失仅为 1% 左右；而在共混了 5%、10% 和 30% 的明胶后，其质量丢失分别达到了 3%、5% 和 12% 左右。不同膜在短时间内（5 天）的降解结果表明，在明胶含量为 5% 和 10% 的时候，没有发生大量溶出的现象，这说明在该比例的共混中明胶能较好地结合于 PHBHHx 中。与之对照的是，30% 比例共混的明胶在第 1 天就有 8% 的溶出，说明在这个比例的混合体系内明胶和 PHBHHx 没有很好的结合。

在其他的研究中发现，明胶在常温溶液中很容易发生降解。因此，共混膜的质量丢失可能主要是由于明胶容易降解而且容易溶解于水中的原因。经过进一步的研究发现，在单纯的 PHBHHx 中，质量丢失 1% 左右。而在共混了明胶后，PHBHHx 的质量丢失提高到了 3%。这说明明胶的降解能同时对 PHBHHx 的降解产生一定的影响。

共混能增加 PHBHHx 膜表面的粗糙度：将明胶和 PHBHHx 共混成膜后，对膜的表面粗糙度进行了扫描电镜的观察。实验结果表明，加入明胶共混后，无论是膜的表面还是膜的内部，材料的孔隙率都大大增加。单纯的 PHBHHx 膜表面很少有孔洞的产生，而在共混了明胶后表面产生了类似三维支架的多孔结构。

明胶的共混能同时影响 PHBHHx 的结晶行为，降低 PHBHHx 的结晶度。这可能也是导致 PHBHHx 降解加快的原因之一，因为材料的结晶度能影响降解，结晶度越高的材料降解越慢。而在明胶释放到周围的环境中后，释放后的明胶留下的孔隙进一步增加了 PHBHHx 膜的孔隙率，有利于材料和水分子更充分的接触，从而进一步加速 PHBHHx 的降解。

（二）化学修饰对 PHA 降解的影响

由于共混改性通常对聚合物链本身的影响较小，因此研究人员常用化学改性法来对降解改性。用高锰酸钾氧化 PHO 后引入亲水性很强的羧基基团后，其降解性能得到了很好的改善。用 γ 射线照射 PHB，引入亲水性的单体形成半穿透的聚合物网络，发现改性后的聚合物网络对水的亲和性大大增强。也有人用电子束照射 PHB，发现电子束照射后 PHB 分子量降低了约 40%，体外的水解速率提高了 10% 左右。

经过 15 周模拟体液降解，经过紫外线照射处理的 PHBHHx 材料的质量丢失比未经过处理的 PHBHHx 明显得多。经紫外线照射 8h 和 16h 的 PHBHHx 粉末降解后残余质量大约分别为 92% 和 87%；经紫外线照射 8h 和 16h 的 PHBHHx 薄膜降解后残余质量大约分别为 83% 和 80%；而在对照实验中，与此同时未经处理的 PHBHHx 降解后残余质量则高于 98%（图 4-12）。

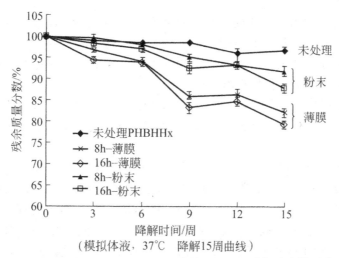

（模拟体液，37℃ 降解15周曲线）

图 4-12 紫外线处理对不同状态的 PHBHH_x 降解速率的影响

未经处理的 PHBHHx 降解后残余质量高于 98%；

紫外线照射 8h 和 16h 的 PHBHHx 粉末降解后残余质量大约分别为 92% 和 87%；

紫外线照射 8h 和 16h 的 PHBHHx 薄膜降解后残余质量大约分别为 83% 和 80%

经过紫外线照射，PHBHHx 的分子量出现明显的下降，尤其是直接照射薄膜的方法，经过 8h 和 16h 照射的材料分子质量由原先的（526.1±

38.2) kDa 降至（10.2±2.1）kDa 和（7.3±3.0）kDa，分子量已经降低，这就可以解释为什么这种方法处理的材料表现出硬脆易碎以及不成膜等低分子量材料的性质。同时，分子量的多分散系数由 2.0±0.1 变为 2.4±0.1 和 2.1±0.1，变化不明显。与之不同的是，采用照射材料粉末的方法，经过 8h 和 16h 紫外线照射，其分子量降低不如照射薄膜的方法降低明显，分别降至（68.3±8.7）kDa 和（36.2±2.1）kDa，但是其多分散系数却明显升高至 15.2±0.8 和 8.4±0.3。

经过 15 周模拟体液降解之后，采用照射粉末的方法处理得到的材料，重均分子量（M_w）降低不明显，但是其多分散系数却明显减小，8h 照射的材料多分散系数由 15.2 降低至 6.4，16h 照射的材料多分散系数由 8.4 降低至 4.8。

光电子能谱（XPS）碳谱显示出 PHBHHx 分子在紫外线处理后，C—O 和 C＝O 在碳键中的比例明显升高，由原来的 13% 升高至 22%，而 C—C 则由原来的 73% 下降至 55%。这就说明紫外照射后 PHBHHx 分子量的降低是由主链断裂引起的，主链断裂后在分子两端形成新的 C—O 和 C＝O 基团，而这些极性基团的引入，又将在材料的表面性质和改善降解性能中发挥作用。

未处理的 PHBHHx 薄膜表面平整光滑，没有孔洞；经过紫外线照射薄膜方法处理后的薄膜表面出现大量孔洞，材料内部结构松散；而经过紫外线照射粉末方法处理后的薄膜表面同样出现了孔洞，但数量及孔径不如直接照射薄膜的材料，且材料内部结构比较紧密。

经过模拟体液的 15 周降解，未处理的材料表面变化不大，而所有经过紫外线处理的材料表面孔洞均出现很大程度的扩大，显示出较为集中的明显降解。

经过紫外线直接照射薄膜处理后的 PHBHHx 材料变得易碎，轻触即可导致其破裂，并且不易成膜，显示出非常薄弱的力学性能。值得注意的是，紫外线照射粉末处理的材料制备成膜后的直观性质却与未处理的 PHBHHx 非常相似。经过进一步力学性能测量后结果显示，经过紫外照射粉末这一方法处理 8h 和 16h 后的 PHBHHx 薄膜，在其 M_w 降低至原来的 1/7 和 1/14 的同时，其力学性能的两个重要参数——弹性模量和最大拉伸力分别只有约为不到原来的 15% 和 30% 的损失。而 PHBHHx 的力学性能特别是延展性是大大优于很多常见材料的，这些少量的损失是可以被接受的，且并不会影响其多方面的应用。

上述结果表明，在紫外线照射粉末处理后 PHBHHx 由于分子量降低和分子量分布变宽造成的降解速率大大增加的同时，其优秀的力学性能并没有很大的损失，而这在实际应用中具有很大意义的。对于造成这一结果的原因，分析认为，这同样是由于照射时的不均匀而造成了分子量的广泛分布。在这种分子量分布不均的前提下，小分子部分提升了其降解性能的同时，较大的分子在维持材料骨架的力学性能方面起到了非常重要的作用。

将非结晶的 PGA-PCL 和结晶的 PHBV 形成共聚物进行神经导管修复实验。结果发现很少有免疫反应的产生，同时在 24 周后发现了明显的聚合物降解。通过改变 PHBV 的比例可以得到有不同降解性质的聚合物。其中，PHBV 含量为 8% 的聚合物的降解达到了 88%。将甲基化的 PLA 或甲基化的 PEG 接枝到 PHOD 上，发现由于亲水基团的引入能产生更快的水吸收和降解。将单丙烯酸化的 PEG 接枝到 PHO 后也能明显地改变 PHO 的降解行为，成为膨胀控制的药物释放系统。随着 PEG 含量的增加，降解速率会更快。降解的速率和分子组成、亲水疏水比都有关系。而在 PHHx 中引入苯腈基团后形成的 P（3HCPH）降解反而比单纯的 PHA 更慢。

二、PHA 用于塑料包装业的可能性

目前用于塑料业的产品主要是消费包装品以及卫生用品。而以 PHB 为代表的 PHA 很难达到上述要求。PHA 抗酯、抗热性有限，有较好的疏水性。此外，PHB 脆性强，而且由于 PHB 是完全微生物合成，不像其他的塑料产品有残留的催化剂或其他污染物。在加工熔化过程中，如挤出或吹出时，PHB 的行为类似超导液体，当温度低于熔点时，保持玻璃态以流体状态存在。由于缺少污染物，只有很少的成核剂，因此会形成很大的球晶，巨大的球晶使得材料很容易断裂。

已有很多种方法对 PHA 进行改善，以获得适合塑料工业应用的特性。其中之一就是改变高分子主链使结晶受阻。ICI（Imperial Chemical Industries）公司即利用此特性生产 Biopol，即由 3-羟基丁酸和 3-羟基戊酸以任意比共聚的高分子 PHBV。其分子链的规整性降低，从而降低了结晶度。而新一代产品 3-羟基丁酸和 3-羟基己酸共聚酯 PHBHHx 则有望进一步改善 PHB 的结晶行为，因为其单体 3-羟基己酸（3-HHx）不参与结晶。

改善 PHB 脆性的另一方法是加速结晶的形成。往往通过将成核剂加入熔融态的 PHB。标准的成核剂如 talc 可以与 PHB 一样能结晶，但不影响其降解性能。最有趣的成核剂是糖精。糖精晶体的晶格与 PHB 的重复单元非常适合，因此可以作为结晶表面。和糖精或其他成核剂共混能加速结晶，形成大量晶体，降低了晶体之间的空间，从而大幅度提高产品的弹性和强度。

脆性还可通过加入"软化剂"或可塑剂来加以改善。可塑剂的作用类

似于溶剂，如果加入量少，可阻止塑料形成很硬的结晶。已有大量的可塑剂用于塑料制品并具有生物安全性，柠檬酸或乙酸的酯是其中少数几个，与 PHB 共混，可降低脆性增加弹性。通过改变加入比例，PHB 可获得与聚丙烯或聚苯乙烯相类似的产品。

大多数情况下，塑料的使用还要求具有疏水、疏脂、抗热等特性。在这些方面以 PHB 为代表的 PHA 类产品表现良好。它们都是水惰性产品，制得的产品基本都是防水的。高压灭菌时，至少均聚物及异聚物中 3-羟基己酸或 3-羟基戊酸含量较低的 PHA 能够耐受 132℃ 的高温。PHA 类产品的疏脂或疏油性有限，但对几天到几周的使用期而言已经足够。

类似于其他塑料制品，PHA 可以用于热加工。但在高温下，PHA 类是不稳定的，加热时酯键断裂，产生高分子片段及丁烯酸等中间产物。因此，当使用高温长时间处理时，PHA 类的平均分子量会下降，这可以通过缩短加工时间来加以避免。除此以外，PHA 类产品可以通过注模、吹模、电喷丝或挤出等方法进行加工。

总之，以 PHB 为代表的 PHA 类产品具有与传统塑料相类似的特性，已经有公司尝试将 PHA 材料应用于各种塑料制品。

三、PHA 类产品用于食品包装业的可能性

食品包装业中已有一系列对于接触食品的包装物的要求。其中最为关键的是，最终产品应符合使用要求，包装可能释放的任何成分应无毒，这些释放的成分应低于限度，检测方法应不局限于使用方法。例如，生产酸奶的包装盒，应考虑到酸奶不仅仅可储存在冰箱内，也可储存在常温下。因此，该包装的检测应在冷藏或室温下进行，比如将 PHA 类产品用于包装酸奶，检测应在 40℃ 条件下持续 10d，之后必须对酸奶包装杯储存期中可能释放的各种成分，包括增塑剂、稳定剂、成核剂、降解产物、单体或低聚体等的毒性和释放量加以分析，以确定任何成分都无毒。

Bucci 等以 PHB 为代表研究了其用于食品包装的可能性。他们采用注模制成的 PHB 食品包装为研究对象，通过三维检测（检测其直径、体积、容量、质量、厚度变化），机械强度检测（动态压缩及拉伸实验）等与聚丙烯（PP）袋进行比较。结果发现：PHB 在强度检测中与聚丙烯不同，其变形值比 PP 低 50%，是典型的脆性材料。在正常的冷冻和冷藏条件下，其形态保持低于 PP，但在高温环境下强于 PP。三维检测结果表明必须设计适合 PHB 的模具及合适的注模条件及温度。同时，对以 PHB 制得的包装袋包装的黄油、蛋黄酱、冰激凌的感官评价其产品改变低于 5%，证实 PHB 在食

品包装业的应用中极具潜力。

由于纯 PHA 无毒害，因此可以通过提取工艺的改善和加工工艺的优化，通过加入已用于食品包装加工业中的成核剂、增塑剂、稳定剂及其他成分，可以获得达到食品包装业需求的产品。

第五节　我国聚羟基脂肪酸酯研究生产情况

一、山东省意可曼科技有限公司

山东省意可曼科技有限公司成立于 2008 年 9 月，是由留美归国人员创办、知名风险投资机构注资的国家级高新技术企业，专注于可完全生物降解材料的研发、生产和销售。公司 PHA 项目总投资 12 亿元，分三期建设，规划占地 200 亩。2009 年，公司完成了一期年产 3000t 的产业化建设，并在 2011 年 3 月顺利通过了由山东省科技厅组织的科技成果鉴定，目前正启动二期项目建设。

该公司生产的产品质量先后通过了国家塑料制品质量监督检验中心、深圳市计量质量检测研究院、SGS、欧盟 AIB-VINCOTTE International 等权威机构的相关检测，获得欧盟 EN13432 认证、OK COMPOST HOME 认证，可以满足美国 FDA 和欧盟 EC2004 的相关食品安全标准，产品性能和质量获得世界最严格市场的认可。产品投放市场以来，已经引起了英国、日本等国相关公司的高度关注，并与 APPLE、LG、P&G、三星、联合利华及欧贝特等世界知名企业达成合作协议。

二、宁波天安生物材料有限公司

1999 年，中科院微生物所的降解塑料课题组，成功地将"发酵法生产生物降解塑料 PHBV 中试技术"转让给杭州天安公司，双方经过友好协商于 2000 年 4 月 25 日在宁波成立了"中国科学院微生物研究所中试基地"。同时杭州天安公司在此基础上于 2000 年 4 月在宁波北仑大港经济开发区注册成立了"宁波天安生物材料有限公司"。这标志着我国在生物降解树脂的生产方面迈向了一个新的台阶，同时为我们进一步应用 PHBV 开发新型绿色复合材料提供了研究基础和可靠保证。

该公司是国内外目前唯一一家将 PHBV 产业化的企业，也是目前国际上规模最大的 PHBV 材料供应商。目前，该公司年产量达到 1000t，产品成本远低于国外同类产品，在国际市场上极具竞争力。产品已销往欧盟、美国和日本，质量及产业化能力已得到国际同行的充分认可，已与一些国际大公司（如德国 BASF 公司）开展了合作，并开始参与我国生物可降解塑料的标准化制定工作。同时，由于该公司的产品是一种全新的材料，会对整个产业链提出新的要求（如对模具、塑料加工机械等），这将带动整个产品链的发展，逐步形成一个新兴的社会与经济效益显著的产业。

三、江苏南天集团

江苏南天集团是一个以电子材料、化工、医药、橡胶、塑料制品等六大系列为主要产品的企业集团，属国家大型企业。目前年产 100t PHB 的中试生产线已投产。该项目采用先进的基因工程菌进行 PHB 的生产，生产成本低，产品分子量在 $10×10^4 \sim 120×10^4$ 范围内可控调节，纯度高达 98% 以上。项目优化了工艺条件，提高了 PHB 的分子量，增强了 PHB 的应用性能，同时开发 PHB 的应用技术，研制人体组织工程材料、骨科康复材料、食品包装材料、医用聚 3-羟基丁酸酯材料等。

在 PHB 的应用开发方面，该项目取得了以下进展。采用高纯度、高分子量 PHB 及二次成型自增强工艺，实现聚合物分子链的定向取向，从而获得了具有优异力学性能的骨科材料，采用该工艺制得的 PHB 骨钉、骨棒经检测弯曲强度达 140MPa，超过了人体松质骨的强度。

四、深圳市奥贝尔科技有限公司

深圳市奥贝尔科技有限公司成立于 2004 年 7 月，位于深圳市高新区。2005 年 6 月 29 日，该公司荣获深圳市科技和信息局颁发的"深圳市民营科技企业证书"，这标志着公司正式加入深圳市民营科技企业行列。2005 年 9 月 19 日，奥贝尔公司可完全生物降解材料 PHA 项目顺利通过利学技术成果鉴定。深圳市科技和信息局组织专家组对公司的"可完全生物降解材料 PHA"项目进行科学技术成果鉴定，专家组一致认为：该项目采用了先进的工艺与技术，主要技术指标达到国际先进水平，处于国内领先地位，填补了我国 PHA 产业化的空白，具有广阔的市场前景。

目前，奥贝尔公司的 PHA 产品主要见表 4-2，前期产品将全部用于出口。

表4-2 奥贝尔公司的主要 PHA 产品

序号	产品名称	备注
1	P3HB	纯度大于98%，$M_w \geqslant 75\times10^4$
2	（R）-3-羟基丁酸乙酯	纯度大于99%，手性大于99%
3	P（3HB-co-4HB）（35%4HB）	纯度大于99.99%，医用降解材料
4	P（3HB-co-4HB）（15%4HB）	纯度大于99%
5	P4HB	纯度大于99.99%，医用降解材料
6	PHBV（15%HV）	纯度大于98%，$M_w \geqslant 75\times10^4$

五、国内其他 PHA 公司

我国是目前世界上生产 PHA 品种最多、产量最大的国家。目前，国内许多企业都在进行 PHA 产品的研发和生产，如广东甘化。该公司具有由清华大学生物系、化工系和高分子研究所以及中科院微生物所组成的 PHA 攻关小组，通过基因改造技术，用甘蔗制糖剩下的渣滓为原料生产 PHA，使 PHA 成本降低到每千克50元（国际上的成本17～22美元），攻关小组通过实验室的研究，成功开发出第三代 PHA 材料 PHBHHx，并且与其全资子公司广东江门生物技术开发中心合作，实现了 PHBHHx 的中试生产，在 25t 的发酵罐中实现了 PHBHHx 的工业化生产。

其他生产 PHA 的公司还包括：天津北方食品公司1996～2000年，完成了生物可降解塑料聚羟基丁酸（PHB）中试实验，通过国家科委新成果鉴定。华北制药厂、鲁抗、星湖集团等公司也积极加入到了 PHA 的研究生产中，在新领域谋求新的发展。北京天助畅运生物材料公司正在开发 PHB-HHx 作为组织工程材料的应用，已经成功地进行了一系列的动物试验，取得了很好的成果。

第六节　聚羟基脂肪酸酯的科学研究前景

一、研究短链 PHA 的发酵生产前景和展望

目前 PHA 作为生物可降解聚合物被认为是一种很好的替代材料，降低

其生产成本使其能用于商业目的就显得非常重要。在这些基因工程菌中，由于具备多方面优势的原因，重组大肠杆菌是最好的 PHA 生产的候选菌。因此，对生产 PHB 以外的 PHA 的发酵方法，特别是 3-羟基丙酸为单体的 PHA 仍需进一步的优化。在菌种选育和发酵策略方面的进展都将促进实现包括短链 PHA 在内的 PHA 的商业化生产。

二、中长链 PHA 的发酵生产的前景和展望

中长链 PHA 是一种独特的生物聚合物，因为它具有生物可降解性能、生物相容性、水不敏感性、可调控的弹性和化学反应活性。这些特性赋予了中长链 PHA 应用和发展的空间。

中长链 PHA 的适用性因此得以拓宽，不仅有大规模应用，也有特殊应用。不同类型的中长链 PHA 仅仅只需改变底物的种类就可以用相同或者相似的发酵工艺生产，这样低成本、大规模定制特定用途的中长链 PHA 就成为可能。

发酵生产中长链 PHA 的成本主要由原料成本决定，除此之外，废物处理和冷却的费用也占相当的一部分。进一步的中长链 PHA 发酵工艺优化必须集中在这三个方面。继续提高中长链 PHA 在生物体中的含量是最好的解决方法，因为这样可以同时降低原料、下游提取、冷却和废物处理的成本。

另一个可供选择的发酵生产中长链 PHA 的方法是通过基因改造的植物进行。已经有人研究过了在拟南芥中生产中长链 PHA 的方法。聚合物的含量达到了 0.4%。这些材料走向市场的时间是 10 ~ 15 年之后。植物生产中长链 PHA 的潜在成本要低于发酵的方法生产。当用基因改造植物生产中长链 PHA 时，引入各种不同单体的能力很可能会降低。虽然如此，对聚合物的各种可能的（生物）化学修饰将使改变材料性能使之适应多种应用的需要成为可能。

首先，中长链 PHA 发酵生产的经济效益常常与短链 PHA 的相比较，虽然这不是非常合适的，因为它们属于两种不同的材料。何况短链 PHA 也必须和日用塑料如聚乙烯、聚丙烯竞争。这些传统塑料的成本非常之低（分别是 0.96 ~ 1.10 美元/kg 和 0.84 美元/kg）使得发酵生产的短链 PHA 无法与之竞争。另外，中长链 PHA 作为一种特殊的聚合物，也必须和诸如聚亚氨酯、异戊二烯、苯乙烯-丁二烯和氯丁二烯等竞争。这些材料的价格在 2 ~ 5 美元/kg。在理想状态下，发酵工艺生产中长链 PHA 的成本在 3.5 ~ 6.0 美元/kg，这显示中长链 PHA 确实有与合成竞争者竞争的能力。

其次，中长链 PHA 的材料性能可以被控制这一明显的优点也带来重要

的负面边际效应。为了调整中长链 PHA 的材料性能以适应应用的需要，应用开发者必须与中长链 PHA 生产者密切协作；这也意味着中长链 PHA 生产者必须和应用开发者形成一个广泛的网络，以建立足够的大规模生产中长链 PHA 的市场。另外，这降低了生产者的风险，因为产品可以为多种应用所需，可以销售给多个客户。

为了在短期内建立中长链 PHA 的市场，建立一个中长链 PHA 生产者和应用开发者的网络、获取足够量的定制中长链 PHA 来进行小规模的应用研究和试用以及开发特殊的高端中长链 PHA 产品非常重要。

三、短链中长链共聚的 PHA 发酵和生物合成的前景和展望

近 10 年关于 PHA 的研究给了 PHA 合成、降解中代谢和调节的丰富知识，已经阐明了许多条提供 PHA 前体的代谢途径，这方面还会有进一步的发现。而且，新的代谢途径被改造出来，以生产特定单体组成的 PHA 和提高 PHA 的产量。现在可以用各种野生菌和重组菌生产大量的短链中长链共聚 PHA。但其生产效率与短链 PHA 相比，仍然比较低。差异的原因是糖酵解提供短链 PHA 前体的通量要远大于经脂肪酸代谢（β-氧化）或脂肪酸合成提供中长链 PHA 的通量。这已经从许多生产其他初级或次级代谢产物的代谢工程研究中得到了认识，简单扩增、删除或修改某些代谢途径常常不能提供所要达到的生产目标。对代谢网络的质量及数量分析对于了解控制流向 PHA 的代谢通量和设计、优化代谢途径是非常有必要的。今后，必须了解整个代谢网络以提高 PHA 的合成和调节单体组成。利用 DNA 芯片（DNA 微分析）进行全转录分析和通过二维凝胶电泳进行蛋白组分析，可以使我们更多和更有比较性地了解在不同条件下细胞的代谢/生理学特性。许多变化由于不与 PHA 合成途径直接相关而不是非常明显。我们对 PHA 合成和降解中整个代谢过程的进一步了解可以让我们能设计更好的基因工程菌株，也能开发更有效的发酵方法。所有的这些努力毫无疑问将会促使"生物塑料"的发展，将可以用可回收的原料生产短链 PHA 和短链中长链 PHA。

第五章 甲壳素/壳聚糖材料及应用

甲壳素/壳聚糖是自然界中唯一大量存在的含氮碱性多糖，具有显著的物理、化学和生物学特性，在生物医药、环境保护、功能材料、食品、农业、日用品等领域得到了广泛的应用。

第一节 甲壳素/壳聚糖生物学性质

甲壳素是白色或灰白色半透明片状固体，由于多糖链间氢键相连，导致甲壳素不溶于水、稀酸、稀碱或一般有机溶剂，但可溶于浓无机酸。甲壳素经浓碱处理后生成壳聚糖。壳聚糖是白色或灰白色略有珍珠光泽的半透明片状固体，不溶于水和碱液，可溶于大多数稀酸。

壳聚糖因有游离氨基的存在，反应活性比甲壳素强。甲壳素和壳聚糖的应用涉及工业、医药、农业、环保等各个方面，如手术缝合线、人造肾膜、食品防腐保鲜剂等，低黏度壳聚糖可作食品包装及药用胶囊、彩色胶卷表面保护膜，中黏度壳聚糖可作固色剂、合成纤维抗静电剂、纸张的胶黏剂等，高黏度壳聚糖可作污水处理剂、包藏细胞和酶。有人用甲壳素与聚乙烯醇的共聚物制得具有高阻隔气体透过性、能生物降解及崩解的天然降解塑料，薄膜力学性能达到一般塑料薄膜的强度。

一、结晶构造

蟹的甲壳中包含的甲壳素通常是 α-甲壳素，它的分子链是互相逆向配列的逆平行型。与之比较，鱿鱼等的软甲壳中的甲壳素是 β-甲壳素，分子链是同方向排列的平行型。以上两种的混合型叫作 γ-甲壳素。

二、溶解性与吸湿性

α-甲壳素是刚硬的结晶构造，在通常的溶剂中不溶。但 β-甲壳素能在甲酸中完全溶解，另外由于它在各种溶剂中润胀较容易，化学改性中比 α-

甲壳素具有高得多的反应性。

　　甲壳素能在稀酸性水溶液中溶解，但中和过程中马上析出。溶解性取决于酸的种类，较适合于在乙酸、甲酸、乳酸等中溶解，使用也较安全，但在硫酸、磷酸水溶液中不溶。水溶性甲壳素即使在中性的水中也能溶解。

　　无论是甲壳素还是壳聚糖都具有相当好的吸水性，β-甲壳素比α-甲壳素吸水性好。吸湿性、保水性最好的还是水溶性甲壳素。

三、生物分解性

　　作为环境协调材料，甲壳素被用作生物医用材料。生物降解性高分子总是被追求的对象，甲壳素已被认为是适合这些用途和要求的首选材料之一。

　　甲壳素和壳聚糖在大多数微生物的作用下都容易生物降解，生成甲糖及低聚糖。在许多植物中已经发现甲壳素酶的存在，这些酶起着植物自我保护的作用，有关这些酶的分布形式、分离方法和作用机理的研究目前正在进行中。甲壳素的脱脂化反应的研究已经引起相当的重视，目前脱脂化度最大达 0.7，有效利用甲壳素还有相当多的工作要做。

第二节　甲壳素/壳聚糖改性

一、物理改性

（一）热处理

　　虾蟹壳和其他动物甲壳经加温处理后，甲壳素会失水，分解直至炭化。对甲壳素进行热处理（300℃以上）得到的炭化甲壳素具有纳米孔隙结构，可用于催化、生物传感、电池等领域。

　　甲壳素中含有氮，经热处理后，可得到氮掺杂的炭化甲壳素。氮掺杂的碳材料能提高导电性能，氮能为导带提供更多的电子载体。传统的氮掺杂碳材料采用聚乙腈或三聚氰胺作为前驱体，而将虾蟹壳进行热处理能得到天然氮掺杂的材料。将虾壳在氮气保护下 750℃煅烧 4h，冷却之后用醋酸溶解甲壳中剩余 $CaCO_3$，得到孔径在 $2\sim50nm$ 的氮掺杂材料。

　　部分炭化的甲壳素还能用于催化方面。将动物甲壳（鳖甲）部分炭化后可作为生物柴油的催化剂，如图 5-1 所示，氟化钾渗透进入部分炭化的甲壳就得到活化的催化剂，该催化剂具有大的比表面积，与氟化钾相互作用后生成的活性位点能催化酯交换反应的进行，与传统的固相催化剂比较，部分炭化的甲壳素催化剂表现出更高的活性，其制备过程简单环保，是一种制备清洁能源的绿色途径。

图 5-1　炭化甲壳素催化剂的合成过程

（二）机械碾磨

机械碾磨对壳聚糖进行改性，是指壳聚糖细微颗粒在机械外力作用下，使壳聚糖的晶体结构、物化性质、结构组成等发生变化的过程。壳聚糖在高效能搅拌球磨机作用下进行机械力化学降解，可制得水溶性壳聚糖。研究表明，机械碾磨降解壳聚糖的溶解度和分子量受机械搅拌速率影响最大，其次是碾磨时间，影响最小的是活化温度。

机械碾磨还可制备多种水溶性壳聚糖盐。在碾磨过程中，滴加与壳聚糖氨基等物质的量的有机酸或无机酸，充分碾磨样品为均匀潮湿、蓬松状，干燥至水分小于 10% 得到粉末状固体。通过该方法可制备壳聚糖盐酸盐、醋酸盐、甲酸盐、乳酸盐及琥珀酸盐，经改性后的壳聚糖盐，溶解性得到很大的提高。

（三）等离子体

等离子体处理技术是一种对材料的表面改性非常有效的技术，在一定条件下进行射频放电，在材料表面可引入特定的极性基团，改变材料的亲水性或提高表面的细胞亲和性。与其他表面改性方法相比，等离子体技术具有工艺简单、操作简便、易控制、无污染、不影响基体材料性质且兼具灭菌消毒的优点，比较适合对生物材料表面进行改性。

通过氮等离子体对壳聚糖膜进行表面改性可提高其表面亲水性。经氮等离子体处理后，壳聚糖膜的亲水性得到明显改善，表面接触角由 103° 降为 48.8°。膜表面的氧、氮含量及氧碳比增加，说明表面的 C—C 键发生了

断裂而生成新的　＼C＝O　（—COOR、—COOH 或—CONH—）等极性基团，
＿／
提高了壳聚糖膜的亲水性。

用氩等离子体对壳聚糖膜进行表面处理，处理后的壳聚糖膜能改善细胞在膜表面的黏附、生长和增殖行为。经等离子体处理后，膜的表面粗糙度增加，具有较高的表面自由能。壳聚糖膜经氩气处理 10min 后，能大幅度促进 L929 成纤维细胞在膜表面的黏附和生长。

二、化学改性

（一）酸解

壳聚糖能够在酸中发生降解，反应条件简单，易于操作，但降解低聚糖的分子量分布较宽，常用的酸有 HCl、HNO_3、H_3PO_4、HF 和 CH_3COOH 等。

采用稀盐酸和浓盐酸可对壳聚糖进行降解。在稀酸中，壳聚糖糖苷键的水解与乙酰基的水解速率相当，而在浓盐酸条件下，糖苷键的水解速率是乙酰基水解的 10 倍。这可能是由于乙酰基的水解是 S_N2 反应，控制步骤是水对碳阳离子的加成，而糖苷键的水解是 S_N1 反应，控制步骤是碳阳离子的形成。水解机理如图 5-2 所示。进一步研究发现，壳聚糖分子链上乙酰基的排布对酸水解速率有较大影响，以乙酰氨基葡萄糖四糖和氨基葡萄糖四糖为模型，采用 12.07mol/L 浓盐酸水解，发现乙酰氨基葡萄糖四糖的水解速率是氨基葡萄糖四糖的 50 倍，表明酸水解不是随机的。

甲壳素在浓酸中降解可得到氨基葡萄糖。氨基葡萄糖是人体关节软骨合成氨基多糖所需的重要成分，它有助于修复受损软骨，刺激软骨细胞再生，并能促进氨基多糖与糖蛋白的合成，改善关节功能、减缓关节疼痛。氨基葡萄糖还可用作抗生素和抗癌药物的原料药。

目前工业化生产氨基葡萄糖盐酸盐主要通过甲壳素盐酸水解制备。盐酸水解甲壳素制备氨基葡萄糖的步骤如图 5-3 所示。甲壳素研磨至小于 20 目，便于快速溶解并阻止甲壳素炭化。随后在浓盐酸中酸解，酸和甲壳素的质量比为 2∶1，加大酸用量可以轻微提高产率和纯度。反应维持在 95℃左右，时间为 60～90min，过长的反应时间会使氨基葡萄糖分解，反应时间太短则会导致反应不充分。盐酸必须预先加热到 65℃，在搅拌条件下慢慢加入甲壳素以防止产生过多泡沫。反应结束后，冷却至室温并过滤。滤饼重新溶解在水中，用活性炭进行脱色，活性炭用量为每 100g 初始甲壳素

加入 2g，脱色时间为 30min。滤液经过蒸发，得到氨基葡萄糖盐酸盐粗产品。最后用乙醇进行洗涤，乙醇用量为每 100g 初始甲壳素加入 150mL 95% 乙醇，乙醇浓度不能过低，因为氨基葡萄糖盐酸盐会溶解在稀乙醇中。最后，通过干燥乙醇洗涤之后的固体，得到氨基葡萄糖盐酸盐。

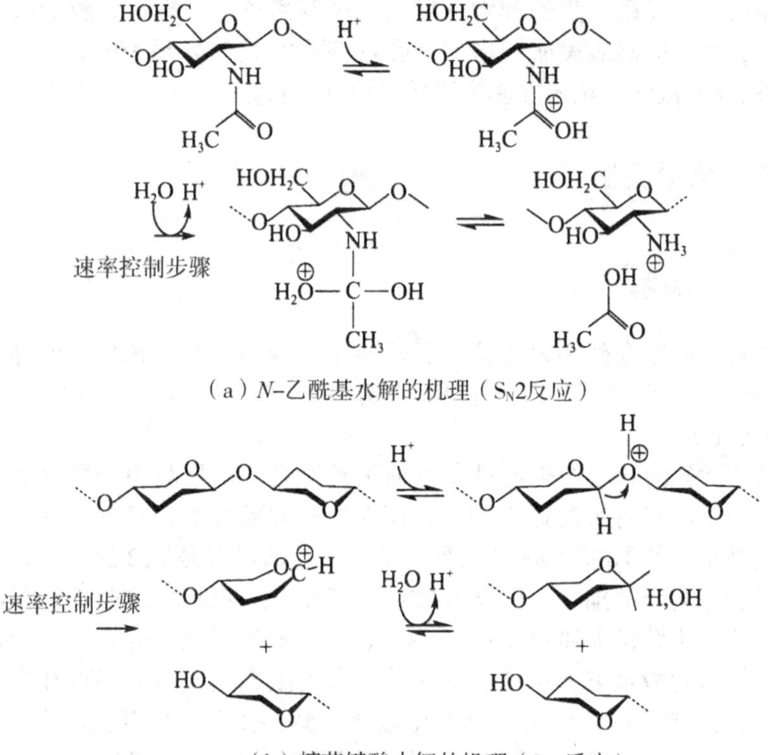

（a）N-乙酰基水解的机理（S$_N$2反应）

（b）糖苷键酸水解的机理（S$_N$1反应）

图 5-2　酸水解壳聚糖的可能反应机理

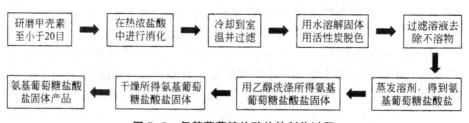

图 5-3　氨基葡萄糖盐酸盐的制作过程

以氨基葡萄糖盐酸盐为原料可以制备得到氨基葡萄糖硫酸盐。首先，无水甲醇和金属钠反应得到甲醇钠，在 30℃ 的条件下，加入氨基葡萄糖盐酸盐，剧烈搅拌 5min，由于反应是吸热反应，温度会降低。悬浮液快速离心去除氯化钠，得到氨基葡萄糖碱性甲醇溶液。溶液冷至0℃，向其中缓慢加入含20%三氧化硫的浓硫酸，保持pH值不低于2，在反应中pH值会升高，当加入发烟硫酸pH值不再回升时，停止加入。维持0℃再搅拌反应1h，加入丙酮后离心，产物经丙酮和乙醚洗涤，然后在50℃真空干燥得到产品，产品产率为86.4%，熔点为116℃。

另外，通过甲壳素硫酸水解可直接制备氨基葡萄糖硫酸盐。将甲壳素加入到质量分数为20%～80%的硫酸中进行水解，反应温度控制在80～150℃，反应时间控制在8～15h，反应结束后冷却至室温，用活性炭进行脱色，用有机溶剂（乙醇、异丙醇、丙醇、丙酮）进行萃取，有机溶剂与原料液比例为（3～10）：1，所得溶液经浓缩、沉淀、洗涤得到氨基葡萄糖硫酸盐。由于氨基葡萄糖硫酸盐具有强吸湿性，在空气中不稳定，因此研究人员一直在寻找一种稳定存在的氨基葡萄糖硫酸盐。稳定的氨基葡萄糖硫酸盐一般是氨基葡萄糖硫酸盐钾（钠）盐，其在高湿度条件下不吸潮、不褐变。

氨基葡萄糖含有活性基团氨基和羟基，可对其进一步衍生化，制备更加稳定及拥有更多功能的氨基葡萄糖衍生物。氨基葡萄糖酰化衍生物是生物体内细胞中众多多糖的基本组成成分，在生物体内具有许多重要生理功能，临床上是治疗风湿及类风湿性关节炎的药物。此外，酰化氨基葡萄糖可作为食品抗氧化剂及食品添加剂。其他衍生物，如氨基葡萄糖的氨基酸类衍生物和氨基葡萄糖磷酸酯等，在生物医药上都有一定的应用。

随着氨基葡萄糖化学的发展，发现其在抗肿瘤领域也具有应用，早期研究表明，完全酰化的氨基葡萄糖及衍生物可有效地穿过癌细胞细胞膜，阻止癌细胞RNA/DNA的生物合成，从而产生抗肿瘤作用。最近研究表明，在酰化氨基葡萄糖的基础上进一步改性，可以制备具有更好抗肿瘤效果的衍生物。将酰化氨基葡萄糖碳4位羟基氟化，可以制备4-氟-N-乙酰氨基葡萄糖（4-F-GlcNAc），并发现其具有有效的抗肿瘤性。其抗肿瘤机理如图5-4、图5-5所示，当不存在4-氟-N-乙酰氨基葡萄糖时，半乳糖凝集素1（Gal-1）可以与抗癌T细胞上配体结合，一方面会使部分抗癌T细胞凋亡，另一方面，会使细胞释放白细胞介素-10（IL-10），也会导致抗癌T细胞的减少。但是，当加入4-氟-N-乙酰氨基葡萄糖时，可以改变抗癌T细胞的配体，使Gal-1无法和抗癌T细胞的配体结合，同时还可以产生促使抗癌T细胞增殖的物质。因此，抗癌T细胞的增加，有效地抑制了癌细胞的生长。

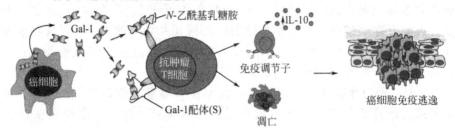

Gal-1诱导T细胞调节及癌细胞逃逸假设

图5-4　半乳糖凝集素1（Gal-1）诱导的T细胞调节及癌细胞免疫逃逸示意图

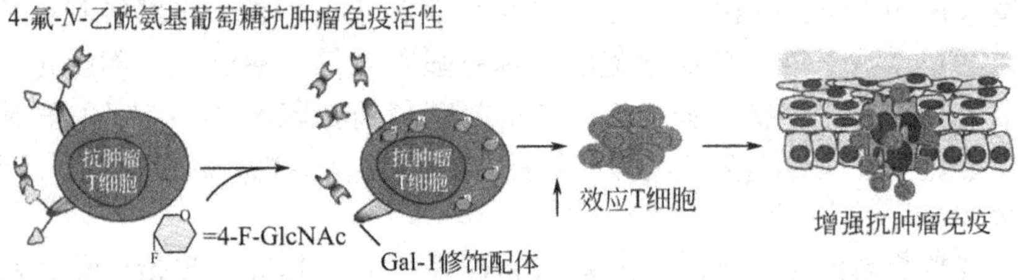

4-氟-*N*-乙酰氨基葡萄糖抗肿瘤免疫活性

图5-5　4-氟-*N*-乙酰氨基葡萄糖对T细胞的增殖及提高抗癌效果示意图

（二）衍生化

1. 甲壳素衍生物

甲壳素最重要的衍生物为壳聚糖。由于甲壳素是半结晶多糖，因此非均相脱乙酰化反应得到的壳聚糖分子链上的乙酰基排列是不均匀的。此外，*β*-甲壳素比*α*-甲壳素更容易脱乙酰。将甲壳素溶解之后，可以在强碱中均相脱乙酰。除了壳聚糖之外，甲壳素另一种重要的衍生物为羧甲基甲壳素，羧甲基甲壳素是带有负电荷的甲壳素衍生物，其制备方法类似于羧甲基纤维素，在甲壳素强碱溶液中加入氯乙酸进行羟基的醚化反应，这种方法也用于制备羟丙基甲壳素。甲壳素的衍生物还包括氟化甲壳素、*O*-硫酸甲壳素、巯基甲壳素等，衍生化反应过程常常需用到有机溶剂或价格昂贵的离子液体等。

纤维素可以溶解在NaOH/尿素水溶液中，甲壳素和纤维素具有类似结构，研究发现甲壳素也可以溶解在NaOH/尿素中。甲壳素粉末分散在含量（质量分数）为8%NaOH/4%尿素混合液中，在-20℃冷冻36h，其间搅拌3次，在室温下解冻可以获得均一的甲壳素溶液，在此碱性体系下，可以进行甲壳素的均相衍生化反应。

（1）甲壳素季铵盐。甲壳素季铵盐可在甲壳素的 NaOH/尿素水溶液中进行制备，将 2,3-环氧丙基三甲基氯化铵加入到甲壳素溶液中，10℃反应 24h 即可得到甲壳素季铵盐，如图 5-6 所示。甲壳素季铵盐具有良好的水溶性，且抑菌性能强于同浓度的壳聚糖溶液，对大肠杆菌和金黄色葡萄球菌均具有显著的抑制能力。

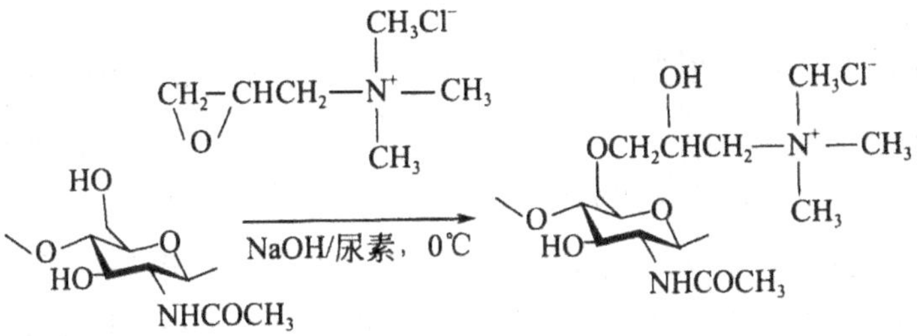

图 5-6 甲壳素季铵盐合成示意图

（2）丙烯酰胺甲壳素。在 NaOH/尿素水溶液溶剂体系下还可制备丙烯酰胺甲壳素，如图 5-7 所示，甲壳素在 NaOH/尿素中溶解后，加入丙烯酰胺在 15℃反应 24h，经中和、透析、冻干即可得到产物。丙烯酰胺甲壳素具有羧基、氨基及酰氨基等功能基团，具有多敏感性（pH 值敏感性、离子敏感性及温敏性）。丙烯酰胺甲壳素在中性 pH 值条件下易溶于水，但在低 pH 值条件下会形成透明凝胶，凝胶转变的 pH 值和取代度有相关性，取代度越高，pH 值转变点越低。丙烯酰胺甲壳素还具有离子敏感性，能在 Fe^{3+}、Zn^{2+}、Al^{3+} 等金属存在的条件下形成凝胶。此外，丙烯酰胺甲壳素还具有温度敏感性，温度升高至 40℃可使其发生凝胶转变，且此凝胶转变是可逆的，温度降低后，凝胶又转变为溶液。

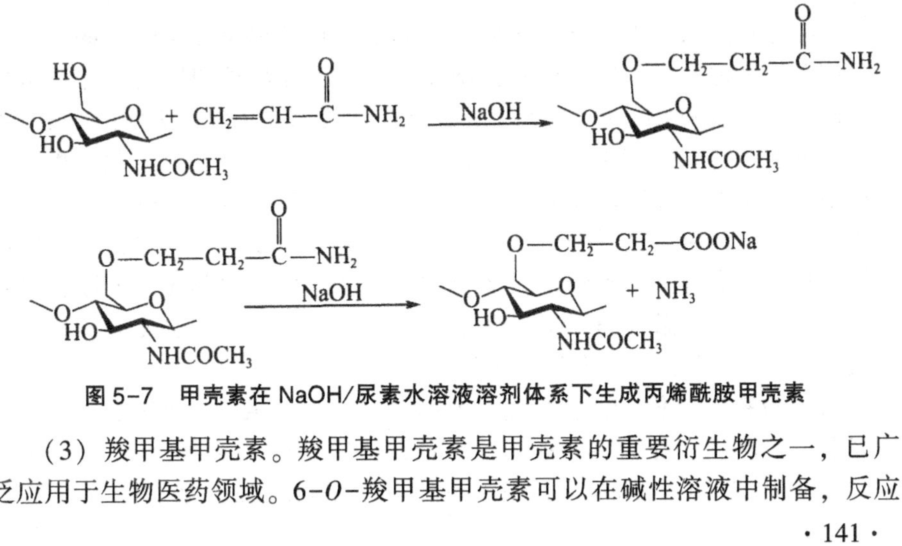

图 5-7 甲壳素在 NaOH/尿素水溶液溶剂体系下生成丙烯酰胺甲壳素

（3）羧甲基甲壳素。羧甲基甲壳素是甲壳素的重要衍生物之一，已广泛应用于生物医药领域。6-O-羧甲基甲壳素可以在碱性溶液中制备，反应过程如图 5-8 所示。20g 甲壳素于 4℃条件下，在含 2%十二烷基磺酸钠的 NaOH（40mL，60%）溶液中充分碱化，-20℃放置过夜。再将冷冻的碱性甲壳素转入到异丙醇（200mL，25℃）中，分次加入氯乙酸，搅拌直至反应混合体系呈中性。产物过滤后，用 2L 水溶解，透析 5 天，再用丙酮沉淀，得到 6-O-羧甲基甲壳素。

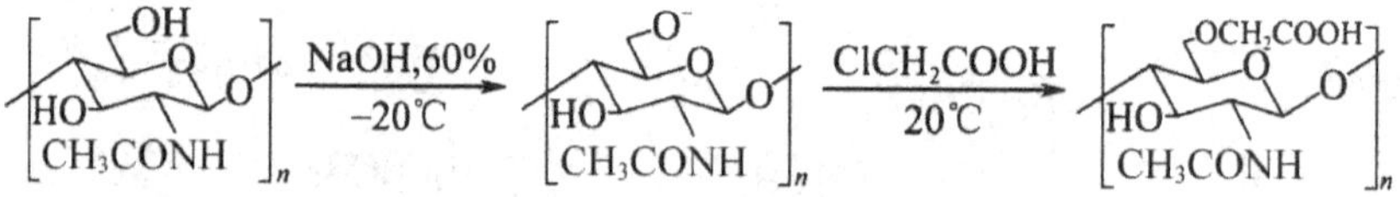

图 5-8　6 位取代羧甲基甲壳素的制备过程

在碱性溶液中同样可以制备 C_3 和 C_6 位置取代的羧甲基甲壳素（3,6-O-羧甲基甲壳素）。在室温下，将 20g 甲壳素于 46%的 NaOH 水溶液中搅拌 5h，使其充分溶胀，然后加入碎冰得到 8%的碱性甲壳素溶液，此时 NaOH 浓度为 14%，继续加入 NaOH 使浓度达到 42%。将碱性甲壳素溶液逐滴加入到含氯乙酸的异丙醇溶液中，反应 1h。经乙醇沉淀、透析并真空干燥得到 3,6-O-羧甲基甲壳素，如图 5-9 所示。

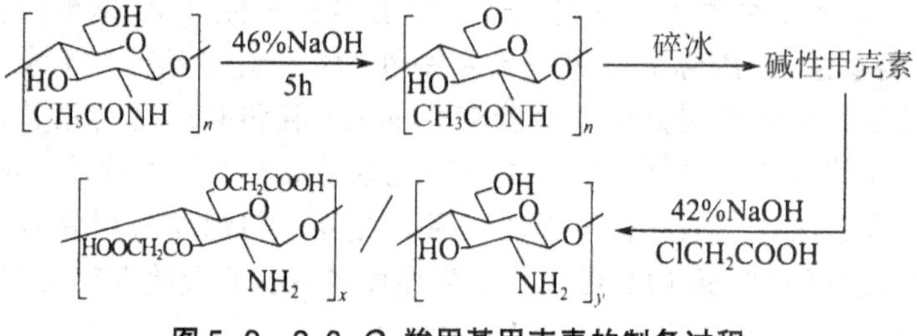

图 5-9　3,6-O-羧甲基甲壳素的制备过程

用氯乙酸使碱化甲壳素羧甲基化，其反应活化能为 22.4kJ/mol，故通过反应温度来抑制氯乙酸与氢氧化钠反应生成乙醇酸钠的副反应是不可能的，而 NaOH 溶液浓度对反应速率的影响，远远超过了温度影响。当 NaOH 溶液浓度大于 20%时，正反应速率要比副反应速率大 20 倍。一般羧甲基化反应中 NaOH 浓度（质量分数）为 40%～60%。另一方面，由于甲壳素分子内、分子间氢键作用比纤维素更强，甲壳素碱化过程须在低温下进行。在此过程中，渗入甲壳素分子内部的水结成冰，分子内部体积膨胀，以打开结晶区域中的扩散通道，使甲壳素与碱、氯乙酸等小分子充分接触，形成氧负离子后再与氯乙酸发生取代反应。

（4）羧基甲壳素。通过对 C_6 位羟基进行选择性氧化，可得到含羧基的甲壳素衍生物。把 1g 甲壳素加入到 50mL 蒸馏水中，然后加入 12mg 四甲基哌啶（Tempo），0.4gNaBr，接着加入 24mL 4% NaClO，之后用 0.5mol/L

NaOH 调节 pH 值为 10.8，保持 30min，用 2.5mL 乙醇结束反应，再用 4mol/L HCl 调节 pH 值至中性，所得溶液透析 4 天，旋转蒸发浓缩，冷冻干燥，可得到 6-羧基甲壳素，如图 5-10 所示。

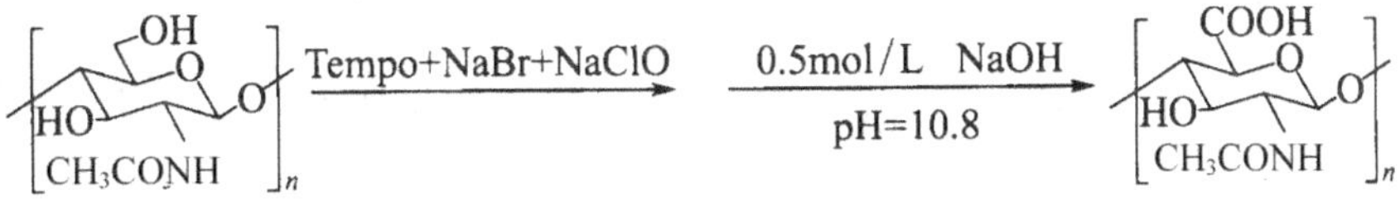

图 5-10　6-羧基甲壳素的制备示意图

2. 壳聚糖衍生物

壳聚糖具有羟基和氨基等活性基团，这些活性基团很容易通过化学修饰改变壳聚糖的力学和物理化学特性。典型的反应包括羟基的酰化、醚化和酯化，氨基的酰化和烷基化。目前制备的衍生物主要有 O-, N-羧甲基壳聚糖、壳聚糖季铵盐、磺化壳聚糖、O-, N-硫化壳聚糖、N-亚甲基磷酸化壳聚糖、壳聚糖胍盐等。

（1）羧甲基壳聚糖。羧基化壳聚糖是壳聚糖最重要的一类衍生物，羧甲基可以在 6 位羟基、3 位羟基和 2 位氨基上发生取代，根据取代位置的不同，可以得到 6-O-羧甲基壳聚糖（6-O-CM-chitosan）、3-O-羧甲基壳聚糖（3-O-CM-chitosan）、N-羧甲基壳聚糖（N-CM-chitosan）、3,6-O-羧甲基壳聚糖（3,6-O-CM-chitosan）和 N,O-羧甲基壳聚糖（N,O-CM-chitosan）（图 5-11）。壳聚糖的羧甲基取代位置与其生物活性密切相关，如 6 位羟基上取代的羧甲基壳聚糖具有良好的保湿性能。因此，通过羧甲基基团的定向取代，可以得到诸多不同生物活性的产品。

N-羧甲基壳聚糖的制备如图 5-12 所示，将 10g 壳聚糖分散在 300mL 水中，加入 5.7g 乙醛酸形成席夫碱，此时反应体系 pH 值为 3.2。再加入硼氢化钠还原席夫碱，使 pH 值升高到 4.8，得到可溶性羧甲基壳聚糖。产物透析 5 天后再用丙酮沉淀，得到 N-羧甲基壳聚糖。

通过控制反应条件，可以制备 N,O-羧甲基壳聚糖，在壳聚糖羟基和氨基上同时羧甲基化提高了羧甲基壳聚糖取代度。具体方法如下（图 5-13）：在搅拌的条件下，将 20g 壳聚糖分散于 200mL 异丙醇中，在 20min 内滴入 50.4mL 的 NaOH（10mol/L），搅拌 45min 后，分次加入 24.0g 氯乙酸。升温到 60℃反应 3h，使壳聚糖氨基活化发生羧甲基取代。反应完成后调节 pH 值至中性后过滤，并用甲醇/水混合液反复洗涤，得到 N,O-羧甲基壳聚糖。

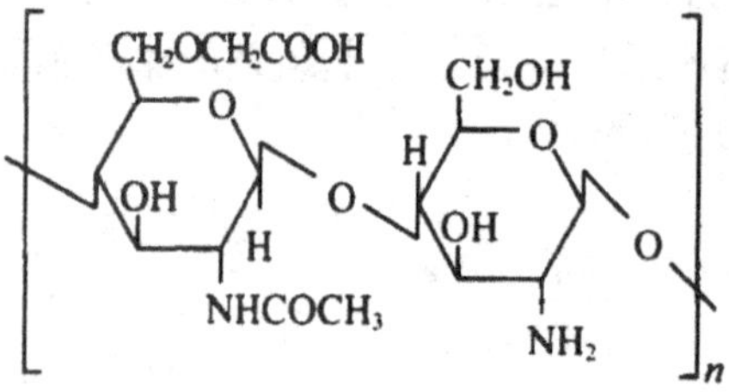

6-O-CM-chitosan

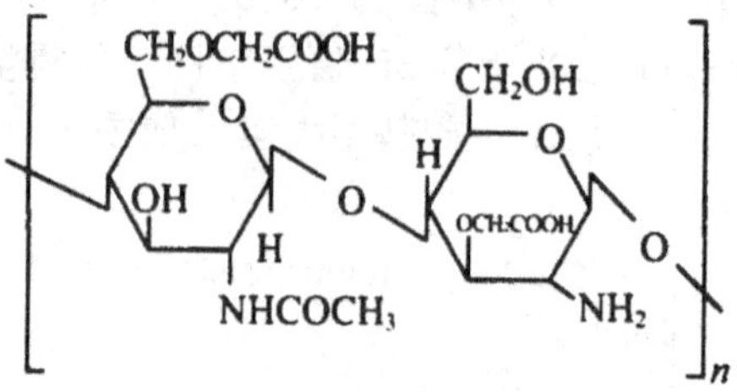

3,6-O-CM-chitosan

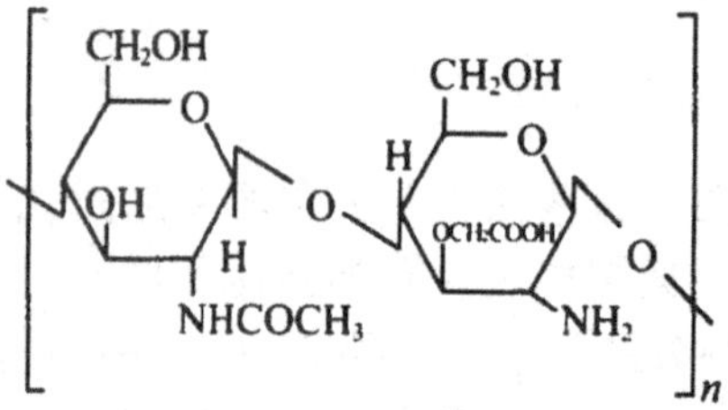

3-O-CM-chitosan

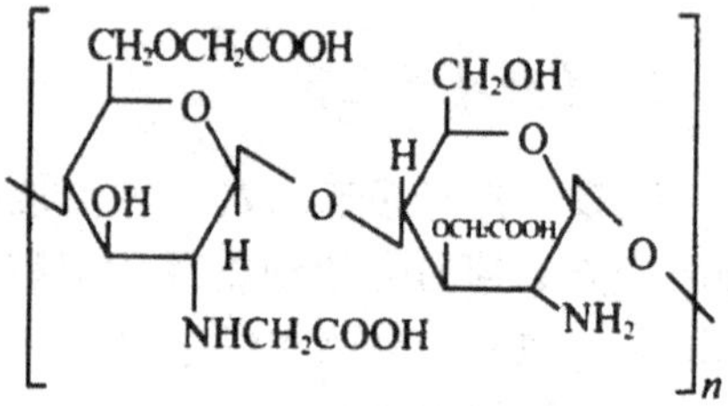

N,O-CM-chitosan

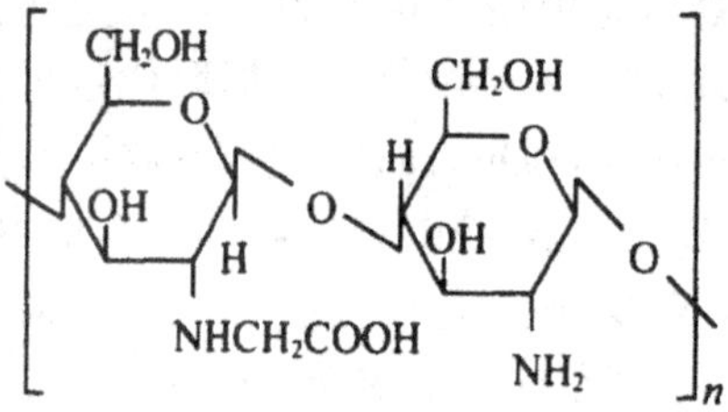

N-CM-chitosan

图 5-11 不同位置的羧甲基壳聚糖

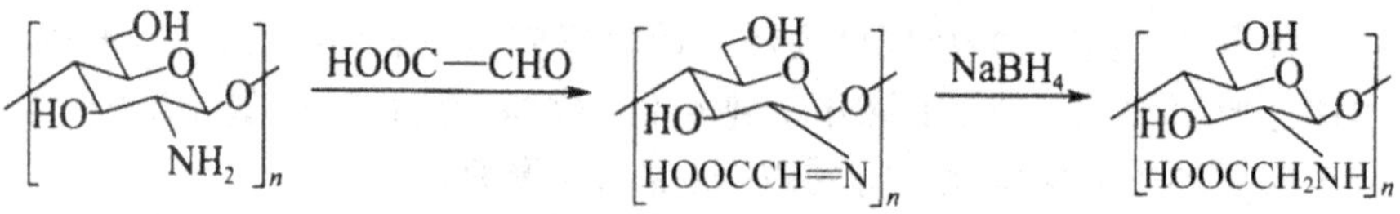

图 5-12 N-羧甲基壳聚糖的制备

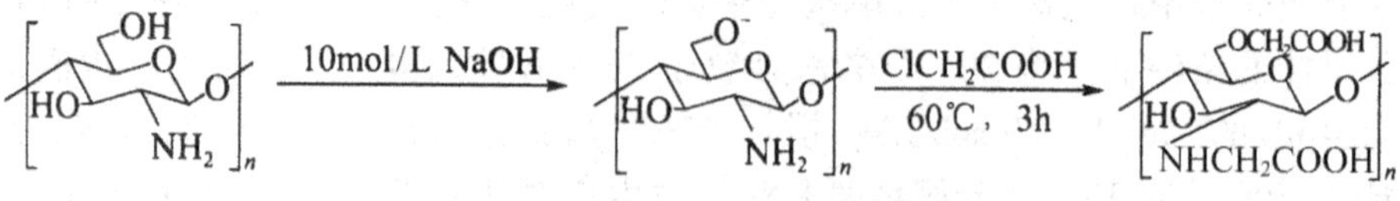

图 5-13 N，O-羧甲基壳聚糖的制备

（2）酰化壳聚糖。甲壳素和壳聚糖经酰化改性后，大分子间氢键被破坏，晶态结构得以改变，提高了溶解性和成型加工性能。N-乙酰化壳聚糖

是最常见的一种酰化产物，其制备是通过壳聚糖与乙酸酐在甲醇的溶液中反应得到，反应一般在室温下搅拌过夜，得到凝胶或澄清溶液。凝胶在含0.5mol/L NaOH 的乙醇溶液中脱水，溶液用氨水沉淀过滤，然后用 75% 的乙醇洗涤样品至中性真空干燥得到 N-乙酰化壳聚糖。不同乙酰度的酰化壳聚糖通过控制加入乙酸酐的量制备。

通过加入不同链长的酰化试剂可以制备不同酰基链长的 N-酰化壳聚糖，制备方法如图 5-14 所示。8g 壳聚糖溶解于 200mL 醋酸溶液（3.0%）中，将酸酐和无水乙醇混合液在搅拌下滴加入上述壳聚糖溶液中，滴加完毕室温反应 3h，用 1mol/L KOH 溶液调节反应体系 pH 值为 8～9，然后在蒸馏水中透析 3 天。透析液过滤，滤液经减压蒸馏后，用无水乙醇沉淀、反复洗涤，抽干后，放在盛有 P_2O_5 的干燥器内真空干燥。通过加入不同的中间体，制备了不同酰基链长的 N-乙酰化壳聚糖（NACS）、N-丙酰化壳聚糖（NPCS）和 N-己酰化壳聚糖（NHCS）。

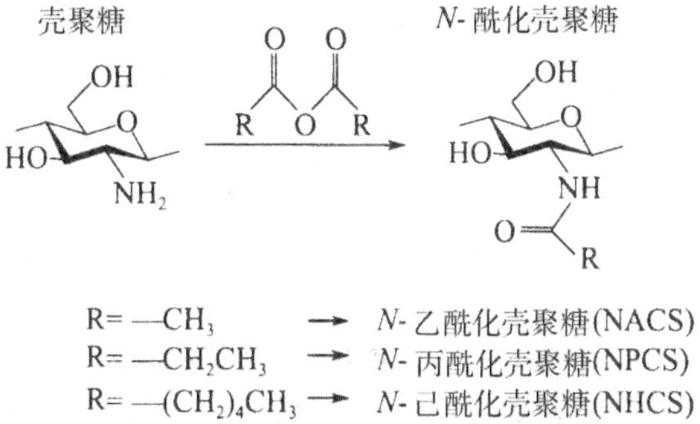

图 5-14　不同酰基链长的 N-酰化壳聚糖的制备

（3）壳聚糖胍盐。胍是最强的有机碱，胍基易于在配基与受体、酶与底物间通过氢键或静电作用形成特殊的相互作用，特别对磷酸酯、羧酸酯及金属离子有着较高的亲和力。胍基化合物具有良好的生理活性，如抗病毒、抗菌、抗肿瘤、抗高血压等。壳聚糖单胍盐（CSG）具有抗菌和抗病毒作用，其制备如图 5-15 所示。壳聚糖溶于 0.2mol/L 盐酸溶液中制成 2% 的溶液，用 5% Na_2CO_3 溶液调节 pH 值到 8～9，沉淀物用蒸馏水洗至 pH 值为 7.0～7.5。多余的水除去，将一定量甲脒磺酸在 50℃ 搅拌下缓慢加入。在 50℃ 下反应 15min，然后冷却至室温。倒入乙醇沉淀，用乙醇水溶液洗涤多次，再真空干燥得到产物。

壳聚糖双胍盐酸盐的制备如图 5-16 所示。称取 2g 壳聚糖溶于 40mL、0.3mol/L 盐酸中，室温搅拌 1h 后，用乙醇沉淀得壳聚糖盐酸盐。所得壳聚糖盐酸盐，加入 4.2g 双氰胺，加水 30mL，在 120℃ 油浴中加热一定时间，冷却至室温，过滤，将滤液用乙醇沉淀，析出的固体用乙醇洗涤，抽干，真空干燥，得到产物。

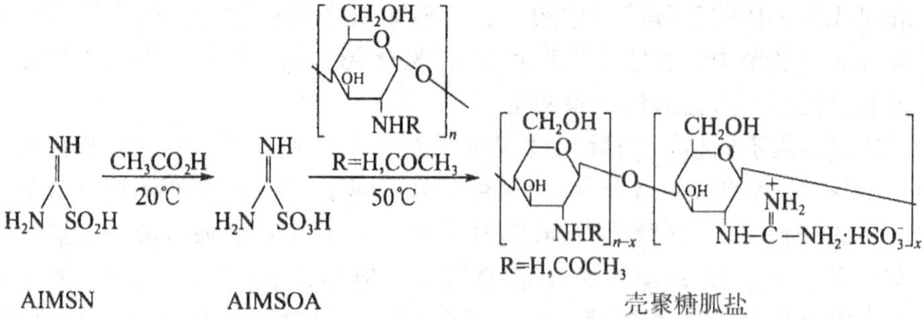

图 5-15　壳聚糖单胍盐的制备过程

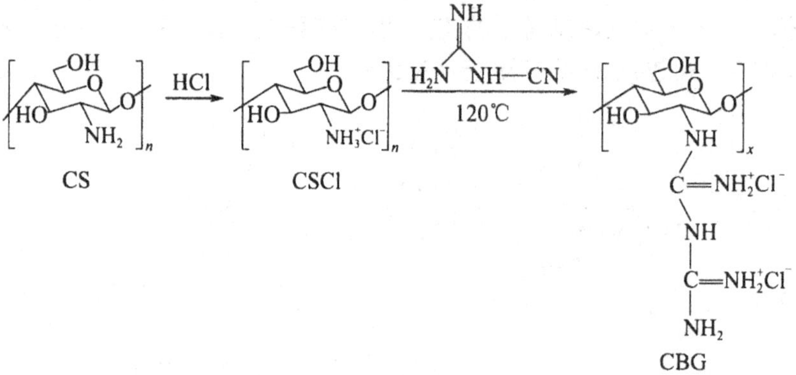

图 5-16　壳聚糖双胍盐的制备过程

（4）羧甲基壳聚糖季铵盐。在壳聚糖分子链上引入多种官能基团能通过协同增效作用，获得具有独特生物活性和物化性质的衍生物产品。壳聚糖经羧甲基化之后，进一步与缩水甘油三甲基氯化铵反应得到羧甲基壳聚糖季铵盐，如图 5-17 所示。中间体缩水甘油三甲基氯化铵通过三甲胺与环氧氯丙烷反应制备，为了防止三甲胺与环氧氯丙烷反应时气化逸出，先在 $4℃$ 下用浓 HCl 与三甲胺反应生成三甲胺盐酸盐，再加入环氧氯丙烷，溶液搅拌均匀后升温至 $51℃$，再缓慢滴加 NaOH 溶液，三甲胺盐酸盐慢慢分解出三甲胺并与环氧氯丙烷反应生成缩水甘油三甲基氯化铵。再搅拌反应 2h 后，减压蒸馏纯化。

C_6 位羧甲基壳聚糖与缩水甘油三甲基氯化铵反应制备羧甲基壳聚糖季铵盐，将羧甲基壳聚糖置于三口烧瓶中，加水搅拌溶解，然后加入一定量的缩水甘油三甲基氯化铵，在 $80℃$ 下反应 8h，产物用乙醇沉淀，透析、减压蒸馏浓缩、真空干燥得到。根据羧甲基壳聚糖和中间体缩水甘油三甲基氯化铵添加的比例不同，制得不同季铵化取代度的羧甲基壳聚糖季铵盐。

羧甲基壳聚糖季铵盐的最低抑菌浓度（MIC）为羧甲基壳聚糖的 1/8 ～ 1/4 倍，是壳聚糖季铵盐的 1/4 ～ 1/2 倍，具有显著的抑菌活性。

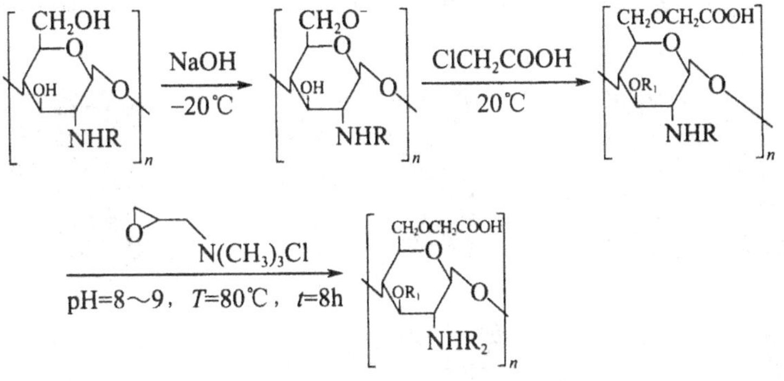

$$R = H,\ COCH_3$$
$$R_1 = H,\ CH_2COOH$$
$$R_2 = H,\ COCH_3,\ CH_2CH\,(OH)\,CH_2N\,(CH_3)_3Cl$$

图 5-17　羧甲基壳聚糖季铵盐的制作过程

第三节　甲壳素/壳聚糖材料研究新进展

一、甲壳素/壳聚糖薄膜

此前由于甲壳素溶剂问题难以解决，因而由壳聚糖制备的材料较多。壳聚糖膜一般采用稀醋酸溶液为溶剂，随后采用流延法成膜。在 NaOH/尿素溶剂体系开发后，研究人员使用冻融法在低温（−30℃）下将甲壳素溶于 11%NaOH 和 4% 尿素水溶液，然后用乙醇或者 45%（质量分数）的二甲基乙酰胺水溶液作为凝固剂，制得高强度的再生甲壳素膜。这种膜具有均匀的结构以及较高的透射率（在 800nm 处为 87%），适度的热稳定性以及良好的拉伸强度（高达 111MPa），此外它还具有良好的气体阻隔性能（氧阻隔当量为 0.003），具有较好的应用前景。

壳聚糖可用于制备自我修复材料。众所周知，聚氨酯（PUR）有许多优良的性质，可制备多种高性能聚合材料，但其面临易受到机械损伤的问题，为解决该问题，以氧杂环丁烷（OXE）取代的壳聚糖（CHI）衍生物为前驱体，与聚乙二醇（PEG）和六亚甲基二异氰酸酯（HDI）反应，制备了具有自我修复功能的氧杂环丁烷取代壳聚糖，聚氨酯复合膜，该复合膜经人为机械损伤后置于一盏功率为 120W、波长 302nm 的紫外灯照射下，15min 后可部分愈合，而在 30min 后可完成自我修复（图 5-18）。图 5-18中（c）与（f）都清晰地显示出紫外光照射条件下，该复合膜的机械损伤在 30min 后已经基本愈合。

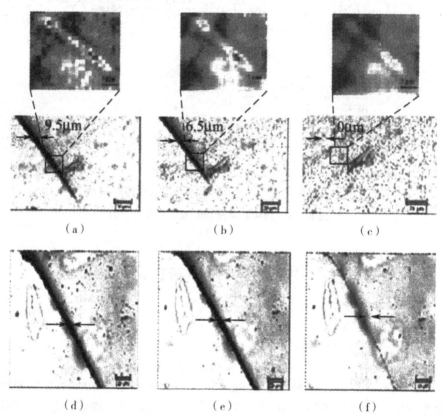

图 5-18　（a，b，c）氧杂环丁烷取代壳聚糖-聚氨酯膜的红外图像（上）和光学
显微镜图像（下），（d，e，f）机械损伤后的 OXE-CHI-PUR 薄膜
（HDI/PEG/OXE-CHI=1：1.33：1.17×10^{-4}）的光学显微图像
紫外照射时间：（a）、（d）为 0 min；（b）、（e）为 15 min；（c）、（f）为 30 min

二、甲壳素/壳聚糖微球

近年来，微孔膜乳化技术在微球制备中得到了较为广泛的应用，这种膜乳化技术可以通过改变膜的孔大小来获取特定尺寸的微球，并用于药物或营养成分的包封和缓释。这种新型的单分散微球具有更好的制备重现性、更稳定的药物释放行为、更好的药物生物利用率以及靶向效率。中国科学

院科研组利用 SPG 膜乳化技术，将壳聚糖水溶液在气体压力作用下透过孔径均匀的微孔膜进入油相形成尺寸均一的乳液，随后交联形成尺寸分布均一的单分散壳聚糖微球；由图 5-19 可见，该微球无腔而具有大孔结构，以牛血清蛋白为蛋白质模型负载于该微球上，体外释放动力学研究证实该微球具备良好的载药性能和应用前景。

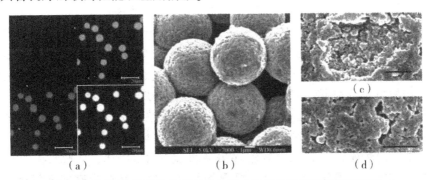

（a）　　　　　（b）　　　　　（c）

（d）

图 5-19　SPG 膜乳化法制备的具有大孔结构的壳聚糖微球形貌

（a）激光共聚焦，标尺为 20μm；（b）扫描电镜，标尺为 1μm；

（c）和（d）分别为微球内部结构和表面形貌的高倍扫描电镜图，标尺均为 500nm

采用微孔 SPG 膜乳化技术提供均一的环境制备中空单分散壳聚糖微球（图 5-20），将未改性的壳聚糖包覆在海藻酸钙微球表面，再在三聚磷酸钠作用下进行物理交联同时去除海藻酸钙内核；或者将 4-叠氮苯甲酸改性后的壳聚糖包覆在海藻酸钙微球表面，再在紫外光照射和三聚磷酸盐作用下

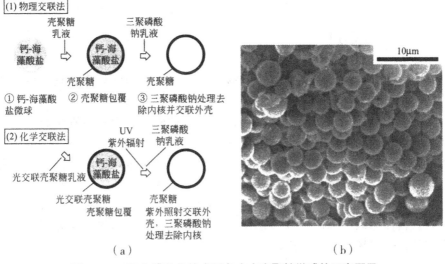

（a）　　　　　　　　　　（b）

图 5-20　SPG 膜乳化技术制备中空壳聚糖微球的示意图及

单分散中空壳聚糖微球扫描电镜

进行化学交联并同时去除海藻酸钙内核。通过这两种方法制备的中空壳聚糖微球平均直径和中空结构可控，并且具有中空结构的微球能够包埋大尺度的药物和大量的客体分子，因而在载药系统领域应用前景良好。

三、甲壳素/壳聚糖液晶材料

此外，以壳聚糖作为基质合成了生物聚合物液晶（bio-PDLC）。这种新的聚合物分散液晶（PDLC）复合材料是在壳聚糖中将4-氰基-4′-戊基联苯（5CB）封装为低分子量液晶，并且通过偏光显微镜、差示扫描量热法、透射扫描电子显微镜、拉曼光谱和荧光光谱对其进行了表征。结果表明，对于低液晶含量的PDLCs，其亚微米液晶液滴粒度和密度分布均匀。通过界面的定序耦合，径向配置的水滴被锚定进壳聚糖基质中。

结合湿法粉碎和高压匀浆法除去壳聚糖粒子的纤颤可制成纳米纤维，并在相对较低的温度下，通过自组织将所得到的纳米纤维制成高强度液晶薄膜。这种分散的壳聚糖纳米纤维的平均直径为50nm。由于其整齐的分层和无孔结构，这种透明的液晶膜可以达到100.5±4.1MPa的高抗拉强度和2.2±0.3GPa的杨氏模量，该法能绿色、高效生产壳聚糖纳米液晶薄膜。

第四节　甲壳素/壳聚糖材料的应用

一、水处理剂

由于甲壳素在有机酸水溶液中的溶解性，已作为水处理过程中的凝聚剂被使用。一般而言，高相对分子质量的甲壳素具有相对较好的效果。甲壳素与其他合成高分子凝聚剂相比，不仅毒性极小，而且生物降解性及环境适应性相当好。但是在碱性条件下具有不稳定的问题，对其应用成为一大阻碍。针对此问题，对甲壳素用内烯酸进行共聚改性，改性体在很宽的pH值范围内能保持较稳定的性质，从而为其应用开发提供了一条出路。

对于在食品加工厂的废水，用甲壳素进行处理，对蛋白质进行凝聚和回收，再作为饲料利用的方法正在研究之中。这一技术的成功开发将具有很大的社会效果与经济效益。

二、化妆品类的利用

水溶性甲壳素改性体（图5-21）具有成膜功能，因此在化妆油脂、洗头膏、头发定型膏的成分配方中已开始有应用。另外水溶性甲壳素具有高的吸湿性和好的保湿性，对皮肤没有刺激性，因此较适合化妆品成分的应用。

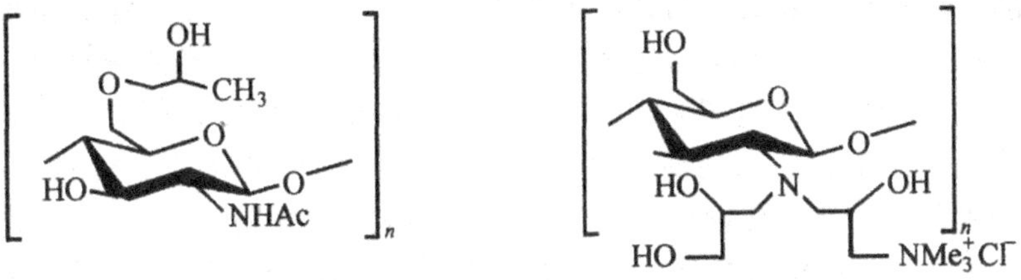

图5-21　水溶性甲壳素改性体的结构

最近的研究发现甲壳素还具有许多抗致病菌的功能，这样为进一步开发此类应用领域提供了商机。

三、医药领域

甲壳素、壳聚糖具有多种药理、生理活性，在医药、医疗领域的研究开发日渐活跃。例如，甲壳素对1210白血病细胞、腹水、疬细胞等具有凝聚作用，动物实验结果表明具有良好的抗疬活性。另外，部分脱脂化后的甲壳素，甲壳素、甲壳素低聚物的6聚体等具有很好的免疫活性，但还需要进一步的研究。

更为人们感兴趣的是甲壳素对伤口治愈有促进作用。目前以甲壳素为原料的手术用缝合线、人工皮肤等已进入商品化市场。这种手术缝合线具有生物降解性，在身体中能被吸收。近来日本学者用甲壳素作为原料制成手术纱线，在伤口进行试验。结果表明，不仅伤口好得快，而且留下的疤痕非常不明显，并在外科美容手术中开始应用。

第六章　生物合成塑料及应用

　　20世纪70年代起人类环保意识的逐步加强促使许多国家致力于可降解塑料的研制和开发以及废旧塑料回收利用技术的研究，生物降解高分子材料已在医药、医学、环境和包装工业等方面显示出良好的发展趋势，并取得一些重要进展。19世纪后半叶，电气工业的出现和发展导致了天然橡胶、古塔波胶等天然聚合物的应用和酚醛、醋酸纤维素等高分子材料的问世，随后促成了乙烯基聚合物和尼龙等高分子材料的大规模工业化生产以及航天、电子等工业的突飞猛进。每一次新的产业革命无不与高速发展的科学技术和人类精神文明相联系，因此从高分子材料的发展历史来看，每一品种的诞生无一不是性能、经济和文化3类因素综合作用的结果。随着各种高性能的工程塑料和热塑性弹性体进入人们衣食住行的每个领域，大量塑料的使用所引起的环保问题以及合成高分子材料对有限的化石资源的依赖性已使人们为其前景而担忧。

第一节　微生物合成塑料

　　本节着重在总结微生物聚酯的基本结构、性能、应用等研究成果。

一、聚羟基脂肪酸酯（PHA）的微生物合成

　　PHA是微生物的能量贮藏物质，在生物环境中碳源丰富时被合成出来，而在需要时被分解，它在生态环境中会完全降解为水和二氧化碳。

　　自20世纪70年代起，因石油危机和环保运动，PHA开始受到重视。PHA以可再生的生物资源为原料，可视为脂肪族羟基酸的聚合物（羟基通常处于β位），如下所示：

$$\left[CH-CH_2-C-O\right]_n$$

（一）PHB 的合成

1. PHB 的生物合成途径

在不同的微生物体内 PHB 的合成经过不同的途径。总结起来，一般情况下，PHB 的微生物合成通过三步法和五步法两种途径，大多数细菌如用真氧产碱杆菌等采用三步法：首先由 β-酮硫裂解酶（EC2.3.1.9 或 EC2.3.16）催化乙酰 CoA 生成乙酰乙酰 CoA，然后在依赖 NADPH 的乙酰乙酰 CoA 还原酶（EC1.1.1.36）的作用下把乙酰乙酰 CoA 还原成 D-(-)-3-羟基丁酰 CoA，最后由单体的 D-(-)-3-羟基丁酰 CoA 由 PHB 合酶催化聚合形成 PHB，如图 6-1 所示。

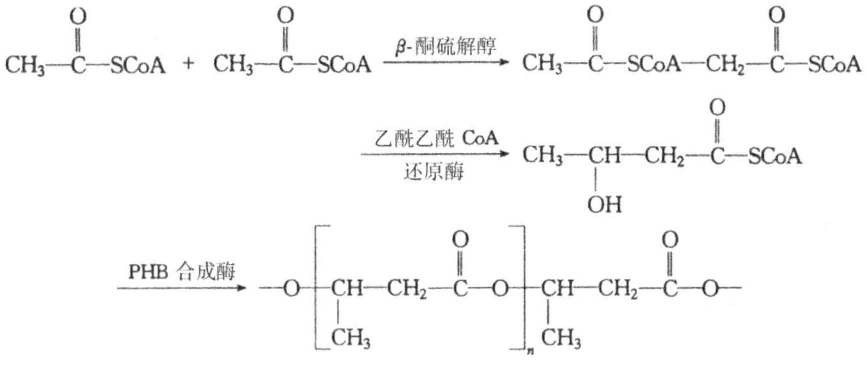

图 6-1 PHB 的生物合成途径

2. 细菌发酵合成 PHB

能产生 PHB 的细菌在自然条件下一般含有 1%～3% 的 PHB。多年来都在找提高 PHB 含量的方法，在这方面已经取得了很大的进步，每一次进步都是以前人的工作为基础的，早在 1975 年英国帝国化学公司（ICI）开始采用 A. eutrophus 的一个突变体生产 PHB。直到 1981 年，他们在限磷而其他盐过量、含葡萄糖和丙酸的培养基上培养利用葡萄糖的 A. eutrophus 突变体使其产生 P（3HB-3HV），终产量可达菌体干质的 70%～80%。后来由 Zeneca 公司推向市场，以细菌发酵方式年产 P（3HB-3HV）1000t，价格约每千克 15 美元。

由于细菌发酵生产价格偏高，一般只能在较特殊的领域使用，在医药业还具有一定的市场。在性能上的改进也为其开拓广阔的市场打下了基础。

3. 发酵法制备 PHB 的一般工艺

发酵法制备微生物聚酯的一般工艺流程如图 6-2 所示。

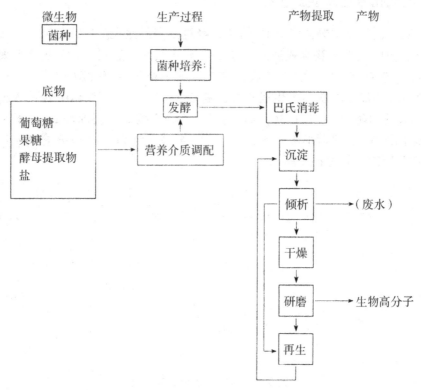

图6-2　发酵法制备生物高分子的一般流程

在用于制备 PHB 和 PHBV 的发酵底物中，作为碳源的物质除图 6-2 所列之外，还可以是乙酸盐、丙酸盐、丁酸盐、3-或 4-羧基丁酸盐、γ-氯丁酸盐、戊糖、γ-丁内酯和 δ-戊内酯、戊二醇、1,8-辛二醇及其他 $C_{3\sim7}$ 伯醇。用来作为菌种的微生物，除好氧产碱菌以外，还可以是生枝状动胶菌。

（二）PHB 的性质

PHB 在活细胞中存在的形态尚有不十分明了以及不同认识之处，但用溶剂把它从细胞中抽提出来，再使之与溶剂分离之后，得到的 PHB 是高结晶度（约80%）的，其物理性质见表6-1。

表 6-1 PHB 的性质

性质	文献值	ICI 产品
熔融温度/℃	160～172	175
相对密度	1.23～1.25	1.250
数均相对分子质量 M_n	1～22（a） 59～256（b） 140～400（c）	130
重均相对分子质量 M_w		360
玻璃化温度 T_g /℃		15
结晶度 X_c		约80%
拉伸模量/GPa		3.5
弯曲模量/GPa		40
拉伸强度/MPa		4.0
断裂伸长率/%		6

注：文献值按 Archiboid 方法从本征黏度求得，PHB 试样分别用（a）过氯酸盐、（b）中性溶剂或（c）羟基乙酸-氯仿分离。

二、共聚聚酯 PHBV 的微生物合成

普通的 PHB 均聚物非常硬而且脆，工业上使用加工存在较大问题。因此，在微生物的碳源上下了许多功夫，成功开展了具有各种特性的共聚聚酯研究，并在世界范围内的研究和应用开发中起到了很大作用，奠定了良好的基础。在 3HB 的各种共聚物中，3-羟基丁酸酯与 3-羟基戊酸酯的共聚物（PHBV）的研究最多。这些研究的发展主要是由于微生物共聚酯的基质特异性非常广和微生物的广泛的代谢作用，能够源源不断地提供多种单元体，因此许多种微生物能够合成共聚聚酯。下面介绍一些具有代表性的细菌产生的共聚聚酯的合成和性质。

（一）A . eutrophus 生产的共聚聚酯

日本的 Doi 等发现，以丙酸和果糖为原料从 A . eutrophus 得到的 PHBV 为 3HB 和 3HV 的无规共聚物，在 3HV 含量不大于 17%（摩尔分数）时，不同组成的共聚物具有相近的结晶度。PHBV 中存在较为特殊的异质同晶现

象，当 3HV 含量为 30%（摩尔分数）左右时，发生从 3HB 晶格向 3HV 晶格的转变，在这两种晶格中 3HB 与 3HV 均是相溶。

表 6-2 中列出了 *A. eutrophus* 代谢了各种碳源后合成出的在单元体中包含羟链烷酸的共聚物。

表 6-2　*A. eutrophus* 合成的聚酯

碳源	单元体			
	3HB	3HV	3HP	4HB
$C_6H_{12}O_6$	+			
CH_3COOH	+			
CH_3CH_2COOH	*	*		
$CH_3(CH_2)_2COOH$	+			
$CH_3(CH_2)_3COOH$	*	*		
$CH_3(CH_2)_4COOH$	+			
$HO(CH_2)_2COOH$	*		*	
$HO(CH_2)_3COOH$	*			*
$Cl(CH_2)_3COOH$	*			*
$HO(CH_2)_3OH$	*	*		
$HO(CH_2)_4OH$	*			*
$HO(CH_2)_5OH$	*		*	
$HO(CH_2)_6OH$	*			*
$HO(CH_2)_7OH$	*		*	
$HO(CH_2)_8OH$	*			*
$HO(CH_2)_9OH$	*		*	
$HO(CH_2)_{10}OH$	*			*
$HO(CH_2)_{12}OH$	*			*
$(CH_2)_3OCO$	*			*

注：+均聚物；＊共聚物。

在英国 ICI、ZENECA 公司，3HB 与 3HV 的共聚体 P（3HB-*co*-3HV）具有年产数百吨的生产规模，其基本原理是利用 *A. eutrophus* 从葡萄糖和丙酸开始合成共聚酯。这种共聚体通过控制作为碳源的葡萄糖和丙酸的比例可以得到 3HV 比例为 0 ～ 40% 的共聚体，而且控制操作相当容易。随着 3HV 比例的提高，共聚酯的弹性模量变低，变成非常有手感的高分子材料。

日本的土肥小组，在 *A. eutrophus* 中加入 ^{13}C 标识的丙酸，并用 NMR 方法判定了 ^{13}C 所引入的共聚体聚酯的位置，提出了 P(3HB-*co*-3HV) 生物合成途径。图 6-3 表示了用这种方法提出的生物合成途径。

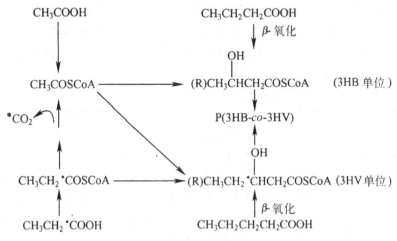

图 6-3 共聚体的生物合成途径

（二）PHVB 的性质、生产及应用

最早发现的微生物生产聚酯 PHB 是高结晶，非常硬而且脆，其次是高熔点，问题最大的是在熔点附近具有很快的热分解行为，熔融加工性较差而导致实用化障碍。针对这些缺点，如 P(3HB-*co*-3HV) 一样的共聚聚酯是目前解决此问题的有效方法，根据单聚体的组成变化来获得较宽性能范围的变化，因而作为实用性高分子材料而受到重视。下面对微生物生产的聚酯微细结构固体的物性进行简要讨论。

P(3HA) 的热性质与其化学结构、结晶化程度和结晶形态有很大的关系。一般而言，高分子的熔点 T_m 和玻璃化温度 T_g 取决于相对分子质量，但是在高相对分子质量范围，对相对分子质量的依赖性没有如此敏感，例如 PHB 的数均相对分子质量分别为 344 和 85500 的样品 T_m 分别为 47℃ 和 180℃。高相对分子质量范围的 P(3HB-*co*-3HV) 的 T_m 和 T_g 很大程度上取决于单聚物的组成。有人对 P(3HB-*co*-3HV) 试样进行测定，结果发现 T_m 随 3HV 组分的增加从 178℃ 急剧下降，到 3HV 达到 40% 时 T_m 达到最低值 71℃，然后 3HV 含量再增加，T_m 又逐步上升，最终 P(3HV) 的 T_m 值在

$107 \sim 112$℃范围内，这样的 T_m 变化可解释为结晶相转移。T_m 组成关系与共结晶化的理论计算结果关系非常一致，显示最小 T_m 值的 3HV 组成范围是 P(3HB)、P(3HV) 两结晶相的共存领域。对于 P(3HB-co-3HV)，通过全组成范围维持高结晶化度的熔点能在很宽的范围内变化，与高熔点易热分解的 PHB 比较具有良好的熔融加工性。不同组成的 P(3HB-co-3HV) 样品[4HB 组分为 $10\% \sim 50\%$（mol）] 的 T_m 随着 4HB 组分的增加而下降，4HB 组分为 $43\% \sim 50\%$（mol）的样品 T_m 为 $54 \sim 51$℃，4HB 组成为 82%（mol）的未分离样品的 T_m 为 40℃。P(3HB-co-3HP)［3HP 组分占 $0 \sim 26\%$（mol）] 的 T_m 和结晶化度随着 3HP 组分的增加而降低，3HP 组分为 26%（mol）时 T_m 为 85℃。

另外 P(3HA) 的机械性质常取决于 P(3HA) 的化学结构。P(3HB) 的弹性模量在 25℃时约为 3.5GPa，这与常用的塑料聚丙烯（PP）具有相同的数值，比 PET 高一些；另外拉伸强度为 40MPa，比 PET 差，与 PP 相当。P(3HB) 的断裂拉伸仅仅是 5% 左右，是 PP 的 $1/7 \sim 1/8$、PET 的 1/20,这样的脆性是 P(3HB) 实用化的一大障碍。另外，具有 3HV28%（mol）组成的 P(3HB-co-3HV) 共聚体的拉伸强度和断裂伸长率分别是 30MPa 和 700%，4HB 组成为 44%（mol）的 P(3HB-co-4HB) 其值分别为 10MPa 和 500%。因此，改变共聚体的组成，拉伸强度和断裂伸长率在一定程度上可得到改善，同时也能得到具有延伸性、弹性好的样品。表 6-3 给出了 PHB、PHBV 与聚丙烯以及另外两种可生物降解塑料性质的比较。

表 6-3　PHB、PHBV 与聚丙烯及其他可生物降解塑料的性能比较

物理性质	PHB	PHBV			聚丙烯	聚己内酯	Pullulan（出芽短梗孢糖）
		5%（摩尔分数）HV	10%（摩尔分数）HV	20%（摩尔分数）HV			
分子量			500000		2×10^4	47000	28000
结晶度/%	80				70		
结晶熔点/℃	175		150	134	176	60	
成型温度/℃	190		165	150	230		
玻璃化温度/℃	15		13.5	12.5	-10		
维卡软化点/℃	95		75		148		
密度/（g/cm³）	1.25		1.23	1.22	0.905	1.14	
杨氏模量/GPa	2.5	1.0	0.65	0.42			

物理性质	PHB	PHBV			聚丙烯	聚己内酯	Pullulan（出芽短梗孢糖）
		5%（摩尔分数）HV	10%（摩尔分数）HV	20%（摩尔分数）HV			
拉伸强度/MPa	35～40	31	25～28	20～21	34.5	36	50
弯曲模量/GPa	3.5		1.2	0.8	1.72		
断裂伸长率/%	3（6）	8	20	100	400	800	33
冲击强度/（J/m）	35	60	98	400			
透明度/%		差			89		95（0.1mm 厚）
24h 吸水率/%	0.1				0.05		
O₂透过率/[mL/（m²·24h）]					400	1100	1.3

三、微生物聚酯的生物分解性

在自然环境中，作为微生物体能量贮藏物质的 PHA 等聚酯也非常容易降解。不溶于水的 PHA 无法通过微生物的细胞膜，因此微生物往往在菌体外分泌分解酶，将 PHA 分解成水溶性的单聚体或低聚体后，再进入体内吸收，微生物以此作为碳源（营养源）而生长繁育。通过一连串的作用过程，PHA 在土壤、海水、活性污泥等环境中都可以分解消失。

下面介绍在自然环境中的 PHA 分解。

在讨论自然环境中的 PHA 分解之前，先谈一谈 PHA 的加水分解问题。表 6-4 列出了在各种环境中 P［（R）-3HB］的分解同时伴随着的表面腐蚀速度，结果表明 P［（R）-3HB］在各种各样环境中确实能够降解。在灭菌的海水中，30℃下存放 7 星期，即使振动也未观察到任何质量变化。这也说明 P［（R）-3HB］只能在微生物存在的环境中才能分解。

表 6-4　P［（R）-3HB］在各种环境下的分解速度

环　　境	表面腐蚀速度/（μm/星期）	环　　境	表面腐蚀速度/（μm/星期）
海水（22℃）	7	土壤（25℃）	5
活性污泥（25℃）	5	灭菌海水	0

如图 6-4 所示,是 PHA 在自然环境中的分解性实验,图中表示了在海水中微生物聚酯的分解性调查结果。可以看出,海水中的 PHA 分解性受聚酯共聚物组成的影响不大。此外,还进行了共聚物 P(3HB-co-4HB) 在不同季节的海水分解实验,结果如图 6-5 所示。

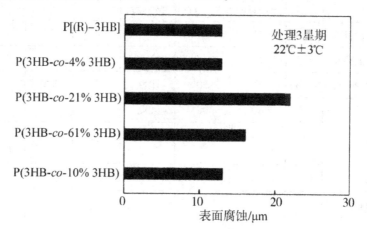

图 6-4 海水中微生物聚酯的分解

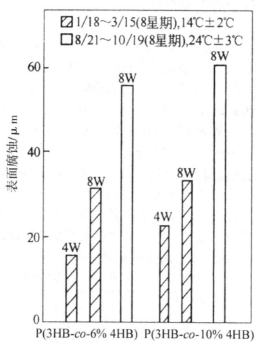

图 6-5 微生物聚酯在不同季节海水中的分解

微生物聚酯的分解速度受海水温度的影响很大，海水温度较高的夏季，微生物的活动较频繁，微生物的数量比冬季相对较多，所以分解速度较快。另外，Nishida 等在各种环境下调查了能够分解 P(3HB-co-3HB) 的微生物的数量及分布全部的环境条件下报告了全部微生物中有 5%～15% 的微生物能够分解 P(3HB-co-3HB)。

四、聚羟基链烷酸

(一) 合成 PHAs 的微生物

对于 PHAs 的研究才刚刚开始，到目前为止已经发现的能合成 PHAs 的微生物还不多，巨大芽孢杆菌积累的一种共聚物含 95% β-羟基丁酸、3% β-羟基庚酸和 2% β-C_8羟基酸残基。深红红螺菌从烷酸和 β-羟基酸产生 $C_{4\sim7}$ 的 PHAs。有趣的是一种未鉴定的海洋细菌也能合成 PHAs。PHAs 单体残基大多与碳源链长相同，但有时检测到比碳源短两个碳原子的结构单元，这可能是因为碳源因 β-氧化去掉两个碳原子而成；有时又发现另一种比碳源长两个碳原子的结构单元，可能是在 PHAs 合成过程中碳源与一个乙酰 CoA 加成的结果。对于其详细的合成机理的认识，还将需要大量的研究。

(二) 葱头假单胞菌合成 PHAs

最初从金属工业的水不溶性冷却液中分离出葱头假单胞菌（P. oleovorans，ATCC29347）。当它生长于 20%～50% 的辛烷中时，其细胞中积累聚 β-羟基辛酸。由于烷烃-水两相介质的技术要求非常高，所以改在含正烷基酸钠盐的均相系统中研究该菌的生长。研究结果表明从 C_2 至 C_{10} 的所有正烷基酸均支持该菌生长，但只有 C_6 以上的碳源才使它积累的 PHAs 有数量上的意义。聚合物产率最高为干细胞的 49%。所得 PHAs 常含有比碳源分子长或短一两个 C_2 单位的单体结构，因此奇数碳原子的碳源通常只能产生由奇数碳原子结构单元组成的 PHAs，而偶数碳原子的碳源产生由偶数碳原子结构单元组成的 PHAs。有学者认为这种现象是由于 PHAs 是由脂肪酸氧化途径的中间产物共聚合而成。H. Brandl 等测得 PHAs 的重均相对分子质量为 90000～370000，用 C_6～C_7碳源时测得此值较高，而用 C_8～C_9碳源时 PHAs 的产率较高。

发酵条件的研究结果表明发酵时间是相当重要的，合成 PHAs 的发酵条件类似于合成 PHB/PHBV。葱头假单胞菌在铵源受限时能积累较多的 PHAs，但有报道称它在指数生长阶段也积累 PHAs，而在稳定阶段也会消耗 PHAs，因此发酵时间的控制是非常关键的。

五、PHB 和 PHBV 的加工应用

PHB 是一种自然界存在的光学活性聚合物，其生物组织相容性已得到人们的认可，可作手性合成的前体，并且还有望用于制造对切应力敏感的传感器以及人造骨、缓释胶囊等医用制品。

PHB 和 PHBV 潜在的应用是作一般用途的热塑性塑料来使用，然而由于其本身性能的一些限制，加工中可能出现热降解和化学力降解，这是 PHB 和 PHBV 加工应用中亟待深入研究和解决的课题。PHB 与其他一些聚合物的相容剂见表 6-5。

表 6-5　PHB 共混体系的相容性

PHB 制造厂商	合成树脂	相容性	增溶组分
ICI，PLC（英）	聚乙烯及乙烯共聚物	N	EVA
	聚苯乙烯	N	SAN
Aldrieh Chemicals（美）	聚氧乙烯	Y（C）	—
	聚醋酸乙烯酯	Y（A）	—
	聚己内酯	X	—
	聚己二酸丁二酯	X	—
	聚丙内酯	X	—

注：N 不相溶；Y（C）在晶区相溶；Y（A）在非晶区相溶；X 有待研究。

第二节　转基因植物合成塑料

一、转基因拟南芥生产 PHB

1992 年美国科学家 Poirier 等首次进行了植物生产 PHB 的尝试，他们将 CaMV 35S 启动子控制的 *A. eutrophus* PHB 合成途径中的 phbB、phbC 基因导入拟南芥菜中，并利用拟南芥内源的酮硫裂解酶合成了一定量的 PHB，在化学结构、物理性质上与细菌中的均相同。

　　虽然 PHB 合成量很少（约 $100\mu g/g$），转基因植株生长却严重受阻，PHB 颗粒在胞质、液泡甚至核内出现，但没有在质体内发现 PHB。PHB 的合成消耗了胞质内大量乙酰 CoA，并生成丙二酰 CoA、乙酰乙酰 CoA，这些都是植物体内重要化合物类黄酮、植物激素、甾醇等内源生成物的前体，导致内源异戊二烯类和类黄酮等重要物质合成的底物不足而影响了植株的正常生长发育，也可能因为 PHB 在胞质、液泡和核中的积累对植物生长产生毒害作用，尤其是在细胞核中的 PHB 可能与 DNA 相作用(图 6-6)。

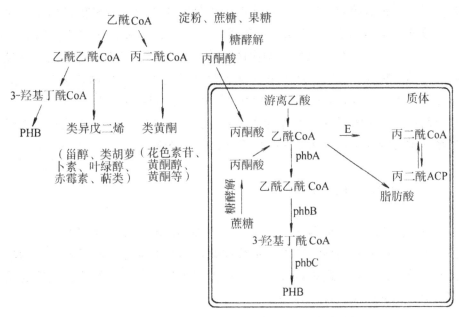

图 6-6　在胞质和质体中分别表达 PHB 合成途径

二、转基因油菜种子生产 PHB

　　拟南芥作为一种模型植物，向人们展示了利用植物转基因生产 PHB 的可行性，但其本身却没有生产价值。油菜作为世界第一大油料作物，合成 PHB 的最佳部位是油料作物的种子，种子中贮存脂类可达干质的 44%，乙酰 CoA 含量特别高。将 PHB 产物限定在特定的组织及特定的生长阶段，避免了 PHB 产物对植物整个生长发育的不利影响，PHB 的收获也会相应简化。油料作物中脂肪酸代谢途径与 PHB 的合成途径的底物都是乙酰 CoA，PHB 产量的提高可以通过直接调节脂肪酸代谢途径实现。

第三节 微生物多糖

有关乙酸菌发酵产生纤维素的研究历史久远，据称在100年以前就有过这方面的报道。Brown早在1886年在乙酸菌的单纯培养过程中将乙酸菌放入加有葡萄糖和酵母液的培养基上进行培养，结果发现在培养基的表面上产生了一层很薄的膜，当时的方法确认这是构成植物细胞壁的纤维素相类似的物质。Brown用拉丁语给这种乙酸菌起名为Bacterium（细菌）Xylinum（棉）。有关微生物纤维素的细胞内的生物合成及从细胞中取出合成酶在试验管内的生物合成研究，从1950年起植物细胞的纤维素生物合成有关研究逐步受到重视。近几年来，微生物纤维素作为生物降解高分子材料的一种，以及从保护森林的观点出发作为代替木材的一种手段，进一步提高了对微生物纤维素特性及作为功能性材料原料的研究兴趣。

一、纤维素生产菌

用于生产纤维素的微生物主要有乙酸菌 Acetobacter 属的5种和其他8种。无论是作为微生物纤维素生物合成的机理和有关微生物纤维素结构单元的基础理论研究，还是以纤维素工业生产为目的的开发研究，最广泛采用的菌为 Acetobacterxylinum 菌。

二、微生物纤维素的聚合度

纤维素是由椅型的D-葡萄糖以 $\beta-1,4$ 连接的糖苷键的直链状高分子。对于天然纤维素聚合度测定，许多研究者用了多种溶剂方法进行纤维素聚合度测定，其结果不尽人意，同一种纤维素测定值重复性不好，这是因为在纤维素的分离、精制过程中引起了纤维素的分解。用黏度法测定纤维素聚合度的结果见表6-6。这些数值不能说绝对精确，只能供参考。微生物纤维素的平均聚合度为2000～5700，几乎与棉的初生壁纤维素聚合度相当。

表6-6 天然纤维素的平均聚合度

纤维素种类	平均聚合度	纤维素种类	平均聚合度
微生物纤维素	2000～3700, 5700	木棉	10350
棉纤维	—	韧皮纤维	9550
初生壁纤维素	2000～6000	木材制浆纤维	—
次生壁纤维素	13000～14000	阔叶树	8200
果壳	28500～40000	针叶树	8450

三、微生物纤维素的性质和利用

培养器中生成的胶状的微生物纤维素膜，用稀碱溶液除去蛋白质，再水洗后，经105℃干燥后形成羊皮纸状的薄膜。这种薄膜的物理性质，动态弹性率最高可达50GPa的强度。这一数值是报纸和普通纸张的数十倍，是聚乙烯纸的几倍强度。利用这一高强度的性质，作为不失真、高保真的喇叭振动板使用已取得成功，并已申请了专利。能形成这样高强度的纤维素膜，其原因在于微纤维间存在大量的纤维羟基所引成的非常强力的氢键结合以及微结晶面的选择性面取向性。其他作为膜形态利用方面，如在药品提纯分离中限外过滤用的分离膜等。更有趣的是对未干燥的微生物纤维素用机械搅拌的方式进行微纤维化操作，能提高水分保持能力，这样微纤维化后的纤维素不仅具有很好的分散性，而且对于人体具有绝对的安全性，因此在食品、化妆品、医药品领域中的用途非常广泛。例如，保持食品、化妆品、医药品和涂料的黏度，强化食品原料，提高食品水分稳定性，作为低能量的添加剂、乳化安定助剂、水系高分子的补强剂等，可在非常广的范围内得到利用。另外，作为高速液相色谱中柱的填充剂、微生物或酶的固定化用载体方面的利用也具有相当的前景。

第四节 微生物聚氨基酸

一、微生物合成

到目前为止只发现两种由微生物合成的具有单一结构的聚氨基酸：一种是早已为人所知的由纳豆菌合成的聚（γ-谷氨酸）（PGA）（I），另一种是由酶菌产生的聚（ε-赖氨酸）（PL）（Ⅱ）。结构如下：

$$
\begin{array}{cc}
\overset{\displaystyle COOH}{\underset{\displaystyle |}{}} & \overset{\displaystyle NH_2}{\underset{\displaystyle |}{}} \\
{-\!\!\!-}NH{-}CH{-}(CH_2)_2{-}CO{-\!\!\!-}_n & {-\!\!\!-}NH{-}CH{-}(CH_2)_4{-}CO{-\!\!\!-}_n
\end{array}
$$

I PGA　　　　　　　　　　　Ⅱ PL

　　PGA 是高相对分子质量（根据微生物的不同，相对分子质量从数十万到数百万不等）的水溶性高分子。PGA 作为 *Bacillusanthracis* 的夹膜成分早在 1937 年被发现，因此知道了在 *Bacillussubtilis* 的培养液中能够大量积蓄，因而引起广泛的研究。较典型的是在日本，在对纳豆的黏物质研究中，1905 年，一些学者从纳豆中分离子微生物，并以 *Bacillus natto sawa mura* 命名。这以后，纳豆菌生成的黏物质就是 PGA 和多糖类逐步为人们所知晓。到目前为止，表 6-7 所列的 *Bacillus* 属的数种的微生物能够生产 PGA。

表 6-7　能够生产聚氨基酸的微生物

生 产 菌		培养基		培养条件	生产量/（g/L）
		成分	浓度/（g/L）		
PGA 生产菌	*Bacillus licheniformis* ATCC9945	谷氨酸 甘油 柠檬酸 氯化铵	20 80 12 7	37℃，4 天，振动培养	17～20
	Bacillus natto	谷氨酸 葡萄糖	15 50	40℃，7 天，静置培养	1.7～3.5
	Bacillus subtilis NRRL-B2612	小麦谷蛋白	200	33℃，2～3 天，振动培养	10～14
	Bacillus subtilis F-2-01	谷氨酸 菊糖 其他	150 20 10	37℃，2～3 天，培养装置	15～60
	Bacillus subtilis IFO3335	谷氨酸 柠檬酸 硫酸铵	30 20 5	37℃，2 天，振动培养	10～20

生　产　菌		培养基		培养条件	生产量/(g/L)
		成分	浓度/(g/L)		
PGA 生产菌	*Bacillus subtilis*	谷氨酸 柠檬酸 硫酸铵	0.1 30 10	37℃，3～4天，振动培养	4～6
	Bacillus subtilis var . polygluttamicum	菊糖 尿素	50 7.5	30℃，3～4天，振动培养	17～19
	Bacillus licheniformis A35	菊糖 氯化铵	75 18	30℃，3～5天，振动培养	8～12
PL 生产菌	*Strreptomyces alubulus*	柠檬酸 菊糖 硫酸铵 增值菌体	20 20 10 5	30℃，8～9天，振动培养	4～5

最初只知道 PGA 生产中氨基酸是必不可少的，但只有氨基酸也不能生产 PGA，因此有必要在培养液中加入甘油、葡萄糖和柠檬酸等。现在，以少量的谷氨酰胺代替谷氨酸，已发现了能生产 PGA 的微生物和以谷氨酸以外的碳源为主的能生产 PGA 的微生物，这些微生物在相当短的时间里（约 2 天）就能在培养液中产生大量的 PGA。

二、结构与物理性质

PGA 是水溶性高分子，其水溶液在加热过程中会发生加水分解反应。表 6-8 列出了 PGA 水溶液在 80℃、100℃、120℃加热状态下相对分子质量的变化结果。在 80℃的加热条件下相对分子质量几乎不变，在 120℃下加热 1h 只剩下 1/10 的相对分子质量。因此，PGA 在自动蒸汽灭菌炉中的灭菌处理过程中相对分子质量将下降很多。

表 6-8　PGA 水溶液的加热水解结果

加热温度/℃	在不同加热时间里的 PGA 数均相对分子质量（$\times 10^{-3}$）							
	0min	15min	30min	60min	180min	360min	600min	900min
80	226	—	—	217	109	95	62	57
100	226	181	117	50	26	8	—	—
120	226	67	18	15	7	3	—	—

相关的报道认为 PGA 还具有保湿性，在 30% 湿度中，通过测定干燥速度，结果表明保温性与甘油相仿。因此，PGA 对肌肤具有润湿的作用，在化妆品领域中有广阔的应用前景。

第五节　酶作催化剂聚合物的合成

随着非水酶学的发展，用酶促合成法合成可生物降解高分子材料已成为一种新的技术而引起重视，并已经认识到酶在有机介质中表现出与其在水溶液中不同的性质和拥有催化一些特殊反应的能力，从而显现出许多水相中所没有的特点，如提高非极性底物和产物的溶解度、热力学平衡向合成的方向移动等。

一、酶催化聚酯合成

聚酯类高分子不仅具有良好的可生物降解性，而且它们的单体也容易获得，另外酶催化合成具有反应专一和降低能耗的优点，因此酶催化聚酯合成已受到关注。

（一）线性单体的缩合反应

为了合成具有可生物降解性的聚酯，通常可利用线性单体的缩合反应。反应的模式如下所示，其中 A 和 B 各代表一种具有反应性的功能基团，如羟基和羧基、羧基和酰氯等。

$$n\text{AB} \xrightarrow[\text{有机相}]{\text{酶}} (\text{AB})_n$$

$$n\text{AA}+n\text{AB} \xrightarrow[\text{有机相}]{\text{酶}} (\text{AA}-\text{BB})_n$$

1988 年 Morrow 等利用 Porcine pancreatic 脂肪酶为催化剂，以乙醚作为溶剂，从消旋性的单体得到了反式构象的聚合物，相对分子质量 7900，光学纯度 95% 以上，而且反应条件温和，对降低反应能耗及为有利。反应如下：

Gilboa 则利用更易得的底物反丁烯二酸酯与 1,4-丁二醇，以 *Canclida cyclnd racaea* 酶等 10 种脂肪酶作催化剂，在四氢呋喃和乙腈中合成全反式构象的聚酯，具有生物可降解性，但是用化学方法合成时则会出现异构体聚酯副产物，很难得到构型单一的产品。

（二）内酯开环聚合合成聚酯

模式如下：

$$O{=}\overset{\overset{\textstyle O}{\|}}{\underset{}{C}}\quad O{-\!\!\!-}(CH_2)_n \xrightarrow[\text{有机相}]{\text{酶}} HO{-\!\!\!-}[(CH_2)_n{-\!\!\!-}\overset{\overset{\textstyle O}{\|}}{C}]_n COOH$$

在化学合成法中开环聚合是常用的方法，但在开环聚合反应中利用酶法进行还是近几年随着酶学的发展而产生的事。Gutman 在 1993 年研究了 ε-己内酯的开环聚合反应，其主要方法是采用 ε-己内酯加上少量甲醇，以正己烷为溶剂，在猪胰脂肪酶的催化下合成了聚己内酯，聚合度为 10。日本的 Kobayashi 等采用非溶剂体系（反应底物也同时作为溶剂），用 *Pseudomonos fluorescens* 脂肪酶催化 ε-己内酯的开环聚合，得到了较高相对分子质量的聚合物，数均相对分子质量达 7000。董桓等用 *Pseu-domonos fluorescens* 脂肪酶和 *Candida cylind racea* 脂肪酶在 60℃ 条件下催化 ε-己内酯、β-丁内酯、ε-壬内酯等，在不需任何其他附加条件下（如底物活化）合成了聚酯，相对分子质量达 25000，并且在同样反应条件下比较了酶促线性聚合和开环聚合反应，确定了开环聚合反应的最佳条件，并提出了开环聚合反应可能的机制，认为它不同于一般的线性缩合，而是一个有水分子参与的过程。由此可见国内的研究水平与国外相当。最近，有人又利用环状二酸酐的开环与线性二醇聚合：

$$O\overset{\overset{\textstyle O}{\|}}{\underset{\underset{\textstyle O}{\|}}{}}(CH_2)_n + HO{-\!\!\!-}(CH_2)_m{-\!\!\!-}OH \xrightarrow[\text{甲苯}]{\text{脂肪酶}} [\overset{\overset{\textstyle O}{\|}}{C}{-\!\!\!-}(CH_2)_n{-\!\!\!-}\overset{\overset{\textstyle O}{\|}}{C}{-\!\!\!-}O{-\!\!\!-}(CH_2)_m{-\!\!\!-}O]_x$$

反应在甲苯中进行，用 *Pseudomona fluoresceus* 脂肪酶作催化剂，反应条件温和，但聚酯相对分子质量较低（数均相对分子质量约为 3000），这可能是由于酸酐极性太强，限制了酶活力的充分发挥。另外他们认为只有 C_8 以上的脂肪二醇才能发生聚合反应。

总之，酶促合成聚酯有以下优点：①原料的易得性。酶促合成聚酯类高分子化合物单体原料可直接通过微生物发酵得到。②良好的生物降解性。聚己内酯、聚丁内酯等均具有良好的可生物降解性。

二、酶促合成法与化学合成法的结合使用

立体选择性是酶促合成法的典型优点，通常化学聚合则能有效地提高聚合物的相对分子质量，为了提高聚合的效率，利用两者的优势，酶促法与化学方法联合使用不失为一种有效的方法。Patil等合成了能被脂肪酶和蛋白酶降解的聚丙烯酸蔗糖脂，其方法是以蛋白酶为催化剂，用蔗糖和丙烯酸乙酯为单体，在吡啶中合成丙烯酸蔗糖脂，然后用化学方法进行聚丙烯酸糖脂聚合，其相对分子质量可达91000，而且聚合物是高度无定形的，并在水中可溶。因此利用酶促合成法与化学合成法相结合的方法，可获得丰富多彩的满足使用要求的材料。

第六节　生物合成塑料的问题与展望

虽然PHB的研究进展很快，但PHB还是有其本身的缺陷，如低的热稳定性、硬脆性等，作为工业材料尚有不足之处，而且共聚物韧性的提高也很有限。通过选择合适的增塑剂或者与其他天然高分子共混或复合，可以弥补PHB的不足。目前最关键的是如何提高PHB的产量。选择合适的植物作为受体也是很有必要的，利用高产的作物生产PHB势必与农业争地，而选择耐盐碱植物如碱蓬等不仅可以获得PHB，还可以改造盐碱滩涂，节省农业耕地，不失为一种良策。

酶促合成法由于具有独特的优点而备受关注，但目前存在的问题是酶促方法的酶源还是比较有限，大部分只局限于脂肪酶和蛋白酶。今后的工作重点应该是在开发更多的、廉价的、稳定的酶源和酶促方法的反应类型，目前还局限于少数的酯类合成等反应，因此开发利用更多的反应类型也是一项重要而有意义的工作。在方法上酶法与化学法联合使用，已经逐渐显示其优越性，在合成路线的不断开发基础上有望在可生物降解高分子材料领域起到重要作用。

第七章　生物降解性水凝胶及应用

水凝胶按形态可分为基质、薄膜和微球；按来源则分为合成的和天然的水凝胶；结构可分为均聚物、嵌段共聚物、高分子互穿网络等；按交联性质水凝胶可分为物理水凝胶和化学水凝胶。无论是何种类型皆可制成生物降解水凝胶。

第一节　生物降解性水凝胶的结构和性质

一、结构

水凝胶的基本构件为水溶性单体。所用的水溶性单体包括亲水性乙烯基单体以及糖和氨基酸等。后二者构成的是一些天然聚糖和蛋白质水凝胶。乙烯基亲水性单体可直接聚合并交联制备水凝胶网络；也可先聚合制备水溶性聚合物，再交联制备水凝胶。

干凝胶一般来说比较坚硬，当与水性介质相接触时，吸水溶胀直至达到平衡，此时，溶胀压与网络的收缩力达到平衡。溶胀压由聚合物内外水活性差异引起，类似于渗透压，但溶胀压不具有依数性。吸水量取决于聚合物亲水性和交联度。

物理水凝胶一般不牢固，机械强度也不够大。

水凝胶可根据降解部位进行分类。

（1）主链降解水凝胶。这类水凝胶主链易发生降解而断裂形成低分子链、水溶性碎片。表7-1列出了一些合成的主链降解聚物。这类生物降解性聚合物用于制备水凝胶疏水性通常稍微大了一些，往往需加入亲水性聚合物以增强亲水性。方法之一是将疏水性聚合物接枝到亲水性聚合物上，再交联制备水凝胶。将丙交酯、聚乙交酯或聚己内酯接枝到聚氧乙烯上制备水凝胶。另一种方法是将亲水性聚合物与疏水性但可降解的聚合物物理共混。如将聚乙烯醇与丙交酯-乙交酯共聚物进行共混制备降解性水凝胶薄膜。也有用疏水性聚合物作为主链制备半互穿网络和互穿网络水凝胶。如用聚甲基丙烯酸羟乙酯和聚己内酯制备互穿或半互穿网络水凝胶。

表 7-1　主链降解的合成水凝胶

聚合物	制　　备	应用
PEO/PL, PG 或 PCL	PEO 为中间嵌段，PL，PG 或 PCL 在两边，以丙烯酸酯基封端，用 2,2-二甲氧基-2-苯基乙酰苯光引发聚合形成凝胶	防止术后粘连
PEO-PPO-PEO/PL	PEO-PPO-PEO 嵌段共聚物与 D，L-丙交酯反应扩链，最后用丙烯酰氯封端。光引发聚合形成凝胶 PL 与 PEO-PPO-PEO 嵌段共聚物共混，以提高体系亲水性	蛋白质控释，以 BSA 为模型蛋白质
聚酯	含有双键的水溶性聚酯用 N-乙烯基吡咯烷酮交联	大分子控释
聚氨酯	D,L-丙交酯，己内酯与 2,6-二异氰基己酸乙酯制备的聚酯三醇交联	
PHEMA/PCL	在 PCL 存在的条件下甲基丙烯酸羟乙酯（HEMA）与二甲基丙烯酸乙二醇酯（EGDMA）共聚制备半穿网络，PCL 提供降解性 互穿网络通过将 HEMA、EGDMA 和功能性 PCL 互溶制备互穿网络 用偶氮二异丁氰引发 HEMA 和 EGDMA 共聚交联，两端含有衣康酸酐的 PCL 用过氧化二枯基引发交联制备互穿网络	PCL 用于提高 PHE-MA 凝胶机械强度
聚羟基丁酸	聚羟基丁酸及其与羟基戊酸共聚物与葡聚糖或直链淀粉共混。葡聚糖和淀粉用于提高酶降解性	
PVA/PGL	聚乙烯醇（PVA）与 PGL 共混制成薄膜，用于药球包衣	控制药物膜渗透性

（2）因为一些亲水性聚合物不具有降解性，采用降解性交联剂可制备另一类生物降解性水凝胶。采用降解性偶氮芳香混合物，N,N'-（w-氨基己酰）-4,4'-二氨基偶氮苯为交联剂，与 N,N'-甲基丙烯酰胺、N-特丁基丙烯酰胺、丙烯酸和 N-甲基丙烯缩水甘油对硝基苯酯共聚物共聚制备的水凝胶可用于结肠靶向给药。因为交联剂可被偶氮还原酶降解，偶氮还原酶是结肠处特有的细菌酶。以丙烯酸缩水甘油酯改性白蛋白为交联剂用以交联聚丙烯酰胺、聚丙烯酸和聚乙烯吡咯烷酮制备水凝胶。该水凝胶可在交联部位白蛋白处被胰蛋白酶降解。

（3）有些水凝胶可同时发生交联点和主链的降解，这类水凝胶主要为一些天然聚合物如聚糖和蛋白质。有些水凝胶主链和交联点都不能降解，只有侧基或侧链可降解。这是第三类水凝胶。

二、表面性质与生物相容性

水凝胶用作生物材料，其独特的表面性质是很重要的因素。表面性质对生物相容性的影响是至关重要的，各种相互作用正是在材料与生物环境的界面发生的。生物相容性实际上是指在一相当长时期内生物体忍受材料的能力。材料若用于给药系统，材料生物相容性的重要性取决于给药部位并与给药装置在体内停留时间有关。对于口服制剂，材料是否具有生物相容性并不重要，只要它没有毒性即可；对于经皮给药系统，材料对皮肤的刺激性显得很重要；而对于释药数月之久的皮下植入剂，材料的生物相容性就非常重要。

第二节　物理水凝胶

一、热胶凝性凝胶

热收缩水凝胶具有溶胀-退溶胀热可逆性，因为很小的温度变化就会引起剧烈的退溶胀，这一现象常被称为凝胶崩溃。凝胶崩溃即凝胶体积相转变，表 7-2 所示为一些聚丙烯酰胺衍生物的相转变温度。随着聚合物分子上侧基疏水性增强，聚合物相转变温度降低。加入低分子量添加剂如无机盐或醇类，热收缩性水凝胶或聚合物溶液的转变温度降低。这是因为添加剂与本体水相互作用，使熵减少。疏水性相互作用对体积相转变起着重要作用。

表 7-2　聚丙烯酰胺类的结构和体积转变温度

续表

聚合物	R^1	R^2	R^3	$T_{vt}/℃$
聚（N - 甲基 - N - n - 丙基丙烯酰胺）	$-H$	$-CH_3$	$-CH_2CH_2CH_3$	19.8
聚（N - n - 丙基丙烯酰胺）	$-H$	$-H$	$-CH_2CH_2CH_3$	21.5
聚（N - 甲基 - N - 异丙基丙烯酰胺）	$-H$	$-CH_3$	$-CH(CH_3)_2$	22.3
聚（N - n - 丙基甲基丙烯酰胺）	$-CH_3$	$-H$	$-CH_2CH_2CH_3$	28.0
聚（n - 异丙基丙烯酰胺）	$-H$	$-H$	$-CH(CH_3)_2$	30.9
聚（N，N - 二乙基丙烯酰胺）	$-H$	$-CH_2CH_3$	$-CH_2CH_3$	32.0
聚（N - 异丙基甲基丙烯酰胺）	$-CH_3$	$-H$	$-CH(CH_3)_2$	44.0
聚（N - 环丙烷基丙烯酰胺）	$-H$	$-H$	$-CH-CH_2 \atop CH_2$	45.5
聚（N - 乙基甲基丙烯酰胺）	$-CH_3$	$-H$	$-CH_2CH_3$	50.0
聚（N - 甲基 - N - n - 乙基丙烯酰胺）	$-H$	$-CH_3$	$-CH_2CH_3$	56.0
聚（N - 环丙烷基甲基丙烯酰胺）	$-CH_3$	$-H$	$-CH-CH_2 \atop CH_2$	59.0
聚（N - 乙基丙烯酰胺）	$-H$	$-H$	$-CH_2CH_3$	72.0

一些交联多肽也具有反向的温度转变现象。如重复单位为 Val—Pro—Gly—Val—Gly 短链肽的聚合物在 25℃ 以下发生溶胀，升高温度则挤出水分而收缩。

热收缩性水凝胶广泛用于控释给药系统和生物测定。

二、热可逆性凝胶化聚糖

大多数聚糖在一定条件下均可形成物理凝胶。物理凝胶一般机械强度不够大，在实际应用中一般还需进行化学交联，以改善凝胶性能。表 7-3 列出了一些聚糖水凝胶。

表 7-3　聚糖水凝胶

水凝胶	制备	应用
琼脂糖	冷却琼脂糖溶液制备物理凝胶	细胞外基质

水凝胶	制备	应用
海藻酸盐	用 Ca^{2+} 交联，再用聚赖氨酸包衣制备海藻酸盐微球	抗原和疫苗口服给药
	用 Ca^{2+} 交联制备海藻酸盐微珠	固定内皮细胞生长因子
	内部为黏性微生物悬浮液，外用 Ca^{2+} 交联海藻酸盐凝胶包衣	微生物接种菌
	内部为红白血病细胞，外壳为 Ca^{2+} 交联海藻酸盐，再用聚赖氨酸包衣。外壳进一步用聚氧乙烯和聚乙烯醇改性以提高膜强度	细胞接种
	海藻酸钠钙绷带	用于皮外伤的止血剂
	Ca^{2+} 交联海藻酸盐凝胶	
	丙烯酸缩水甘油酯改性海藻酸盐用 γ 射线辐射交联	给药系统
支链淀粉	高浓度淀粉溶液冷至室温以下形成物理凝胶	
海藻烟酸/脱乙酰壳聚糖	Ca^{2+} 交联制备海藻酸盐微球，再用脱乙酰壳聚糖包衣	亲和微球。用于从盐溶液和血浆中分离牛血清白蛋白
纤维素/聚乙烯醇	纤维素和聚乙烯醇共混物沉淀制备凝胶薄膜。两种不同聚合物之间具有很强氢键作用	
纤维素	羟乙基纤维素与聚乙烯吡咯烷酮和聚醋酸乙烯共混用表氯醇交联形成含有杀虫剂的小珠	杀虫剂控制释放
几丁质	$6-O-$ 羧甲基-几丁质用 Fe^{3+} 交联部分脱乙酰几丁质用戊二醛交联	多柔比星控释
脱乙酰壳聚糖	用戊二醛交联制备薄膜	透皮给药系统
	用三聚磷酸钠交联制备脱乙酰壳聚糖珠	酶的固定
	含有氨基的脱乙酰壳聚糖与聚阴离子海藻酸钠共混制备聚电解质薄膜	良好吸收性凝胶
	分别用溶剂挥发法和沉淀法制备脱乙酰壳聚糖薄膜和珠	给药系统

续表

水凝胶	制备	应用
脱乙酰壳聚糖/胶原	脱乙酰壳聚糖和胶原蛋白溶液溶剂挥发法制备薄膜	控释系统
脱乙酰壳聚糖/聚氧乙烯	用乙二醛交联脱乙酰壳聚糖制备水凝胶 脱乙酰壳聚糖与聚乙二醇共混物用乙二醛交联制备半互穿网络	pH 值敏感性给药系统
脱乙酰壳聚糖/聚乙二醇	戊二醛交联脱乙酰壳聚糖与聚乙二醇共混物,分子间氢键作用形成互穿网络	固定肝素防止凝血
脱乙酰壳聚糖/聚乙烯醇	脱乙酰壳聚糖与聚乙烯醇共混物溶液浇注制膜,用戊二醛交联	pH 值敏感薄膜,用于胰岛素控释
软骨素	硫酸软骨素用二氨基十二烷交联制备水凝胶	结肠定位给药系统载体
右旋糖酐体	表氯素交联右旋糖酐制备微球	胰岛素鼻腔给药载体
	丙烯酸缩水甘油酯改性右旋糖酐聚合制备纳米球	固定蛋白质
	丙烯酸缩水甘油酯改性右旋糖酐 γ 射线辐射聚合	蛋白质药物传送
	甲基丙烯酸缩水甘油酯改性右旋糖酐化学引起聚合	
	右旋糖酐与聚乙烯吡咯烷酮、聚乙酸乙烯共混物用表氯醇交联制备含有除草剂的珠	除草剂控释
透明质酸	用乙二醇二缩水甘油醚交联透明质酸	植入剂载体
	丙烯酸所说甘油酯改性透明质酸及其苄酯用 γ 射线引发聚合	给药系统
	溶剂挥发法制备透明质酸微球	氢化可的松控释
透明质酸/聚丙烯酸或聚乙烯醇	透明质酸与聚丙烯酸或聚乙烯醇共混	生长激素传递

水凝胶	制备	应用
α-甲基半乳糖苷	α-甲基半乳糖苷用 N,N-亚甲基二丙烯酰胺交联	水吸收剂
果胶	过硫酸根离子氧化交联果胶	
	在蔗糖、钙离子、适当 pH 值条件下制备低酯果胶凝胶	用于食品工业
淀粉	丙烯酸缩水甘油酯改性淀粉交联制备微球	葡萄糖酶控释
	甲基丙烯酸缩水甘油酯改性淀粉聚合制备凝胶	纳曲酮传送剂
	用磷酸盐或己二盐酸交联淀粉	湿法制粒黏合

瓜耳胶在热水或冷水中可形成高度黏稠的溶液。瓜耳胶中加入琼脂会形成对热和 pH 值稳定的极强的刚性凝胶。

软骨素、硫酸软骨素、硫酸皮肤素、硫酸角质素和肝素具有水溶性。海藻酸盐、角叉胶、果胶也溶于水，在其水溶液中加入合适的无机盐，会形成凝胶。

许多聚糖在低温下可形成凝胶，即所谓热熔性凝胶。琼脂即使浓度很低，也会形成坚固的凝胶；支链淀粉浓溶液可形成凝胶；葡聚糖可形成凝胶。

透明质酸仅在浓度小于 1g/L 时以分子状态存在于溶液中；当浓度大于 1g/L 时，透明质酸在水中，由于分子间的相互缠结，形成三维网络结构。透明质酸可快速修复物理损伤。透明质酸存在于组织、组织液和软结缔组织中。

三、离子配位凝胶化

有些具有配位基团的水溶性聚合物，在加入无机金属离子和适当条件下，会形成凝胶。金属离子和聚合物官能团之间作用具有特异性。某种金属离子只有在特定 pH 值条件、离子强度和聚合物浓度下与某一聚合物形成凝胶。

含有顺式羟基的多羟基化合物在阴离子如硼酸盐、肽酸盐、锑酸盐、钒氧根（VO^{2+}）、高锰酸根（MnO_4^-）离子作用下会形成凝胶。这些多羟基化合物包括瓜耳胶、羟丙基瓜耳胶、淀粉和聚乙烯醇。

在碱性条件下，加入硼酸根离子可使瓜耳胶和羟丙基瓜耳胶凝胶化。加热或 pH 值降至 7 以下，将引起凝胶的塌陷。硼酸根离子与瓜耳胶或羟丙基瓜耳胶分子中的顺式羟基反应形成交联点。聚乙烯醇在少量海藻酸钙作用下用硼酸进行交联。淀粉-硼酸盐基质用 Ca^{2+} 改性可用于控制低分子量药物。

角叉胶是一种硫酸化的线性聚糖，D-吡喃半乳糖单元交替以 α-1,3-糖苷键和 β-1,4-糖苷键相连。基于半乳糖单元上硫酸酯基的位置和数量，角叉胶可分为三种：κ-角叉胶、τ-角叉胶和 λ-角叉胶。硫酸化程度按 κ-角叉胶、τ-角叉胶到 λ-角叉胶顺序增大。角叉胶的成胶能力随硫酸化程度减小而增强。κ-角叉胶主要由 1,3'-连接的 β-D-吡喃半乳糖-4-硫酸盐和 1,4'-连接的 3,6-脱水-α-D-吡喃半乳糖交替相连构成的重复单元组成（图 7-1）。

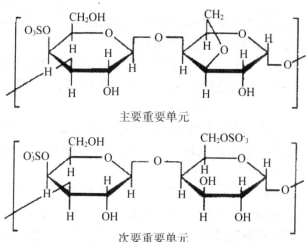

主要重要单元

次要重要单元

图 7-1 κ-角叉胶主要和次要重复结构单元的结构

在三种角叉胶中，只有 κ-角叉胶具有明显的成胶特性。在较低温度和较高的盐浓度下，处于无规线团的角叉胶形成两条平行的聚糖链组成的双螺旋结构（图 7-2）。硫酸盐基位于螺旋外侧，分子间氢键作用使螺旋保持稳定。图 7-2 中的规整螺旋结构终止于 3,6 脱水-α-D-吡喃半乳糖被吡喃半乳糖硫酸盐取代处。

凝胶强度取决于阳离子的种类。Na^+ 难以促使凝胶形成，K^+ 则可以大大地提高 κ-角叉胶形成凝胶的性能。胶凝温度约为 25℃或 25℃以下，取决于 K^+ 浓度。凝胶再熔融温度约为 35℃。Ca^{2+} 引起 κ-角叉胶双螺旋聚集和凝胶收缩，使凝胶变脆。τ-角叉胶与 Ca^{2+} 作用形成弹性凝胶。λ-角叉胶不能形成凝胶。角叉胶凝胶可用于生物传感器电极表面固定酶和细胞。

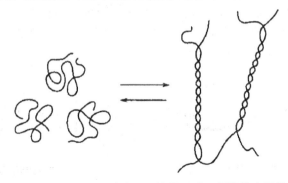

图7-2 溶液中κ-角叉胶从无规线团形成双螺旋结合区的凝胶

　　果胶是一种胶状的聚半乳糖醛酸，其中部分羧基被甲酯化。其基本组分为 D-半乳糖醛酸，其他组分包括 D-半乳糖、L-阿拉伯糖和 L-鼠李糖，果胶的结构如图 7-3 所示。根据酯化度果胶可分为果胶酸和果胶酯酸。果胶酯酸中约 50%～80% 羧基被酯化，果胶酸的酯化度较低。

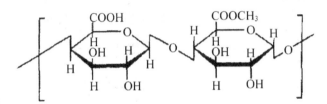

图7-3 果胶的结构

　　在较低 pH 值（约为 3）条件下，加入大量蔗糖可导致果胶酯酸凝胶化，甲酯基间疏水性相互作用是果胶酯酸凝胶化的原因。果胶酸在二价离子如 Ca^{2+} 作用下可形成凝胶。在 Ca^{2+} 浓度较低的情况下，果胶酸凝胶是无色和柔软的；Ca^{2+} 浓度高则导致形成脆性凝胶。果胶酸凝胶具有热可逆性，而果胶酯酸则不具有。

　　海藻酸的结构如图 7-4 所示。海藻酸盐分子中，D-甘露糖醛酸之间以 β-1,4 糖苷键相连，L-古洛糖醛酸之间以 α-1,4 糖苷键相连，构成线性嵌段共聚物，带负电荷。海藻酸盐中刚性的聚 L-古洛糖醛酸链段呈扣环形，通过选择性地结合 Ca^{2+} 与另一链段形成如图 7-5 所示的二聚体构型。一价离子和 Mg^{2+} 不能形成凝胶。Ba^{2+} 和 Sr^{2+} 比 Ca^{2+} 形成的海藻酸盐凝胶更强。

　　每条海藻酸盐分子链通过其聚 L-古洛糖醛酸链段与许多条其他分子的相应链段形成二聚体，而含有 D-甘露糖醛酸单元的链段不发生二聚合，因此，海藻酸盐凝胶的性质取决于分子中 D-甘露糖醛酸或 L-古洛糖醛酸的含量。L-古洛糖醛酸含量高的海藻酸盐，由于脱水收缩，形成刚性和脆性的凝胶，而 D-甘露糖醛酸含量高的海藻酸盐凝胶具有弹性。与果胶酸不同，海藻酸盐凝胶不具有热可逆性。海藻酸盐凝胶在 0 ～ 100℃ 范围内具有热稳定性，只是其刚性随温度提高而下降。

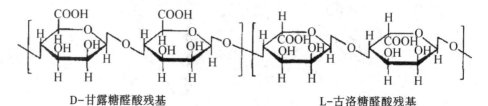

D-甘露糖醛酸残基   L-古洛糖醛酸残基

图 7-4   海藻酸的结构

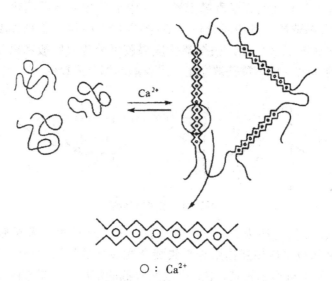

○：Ca²⁺

图 7-5   海藻酸盐在 Ca^{2+} 作用下的凝胶化

海藻酸盐广泛用于活细胞和微生物的微囊化。海藻酸盐胶囊采用将含有细胞的海藻酸钠溶液喷到 $CaCl_2$ 溶液中的方法制备。海藻酸盐凝胶的缺点是稳定性不好。随着 Ca^{2+} 的除去，交联被破坏，凝胶失去稳定性，被包裹的物质渗漏出去。通常采用聚阳离子如聚 L-赖氨酸和脱乙酰壳聚糖提高 Ca^{2+} 交联的海藻酸盐凝胶稳定性。

与需采用有机溶剂或高温微囊化的材料相比，海藻酸盐只需在室温下和水溶液中即可制膜。在 pH 值为 7 的磷酸缓冲溶液中，海藻酸盐凝胶溶胀，逐渐崩解并分散。海藻酸盐凝胶很有利于传送生物活性的多肽和蛋白质。

聚 [二（对羧基苯氧基）膦腈] 在碱性水溶液中可溶，在酸性条件下不溶。与聚丙烯酸一样，用二价、三价阳离子可以交联上述含有羧基的聚膦腈制备凝胶（图 7-6）。这些阳离子包括钙离子、铜离子、铝离子等。Al^{3+} 比二价离子交联效应更强。用离子交联制备的凝胶在中性或强酸性介质中稳定，但在含有过量单价阳离子的碱性水溶液中凝胶化过程会发生逆转。Ca^{2+} 或 Cu^{2+} 交联产物在 pH 值为 7.5 条件下溶解，Al^{3+} 交联形成的凝胶则需在 pH 值为 9 以上溶解。该聚膦腈凝胶用于包囊白蛋白或杂种细胞。

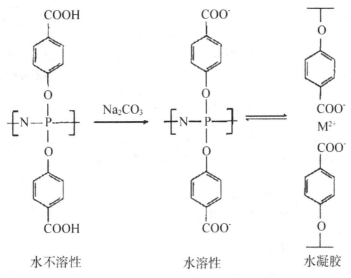

图 7-6　含有羧基的聚膦腈用高价阳离子交联

主链上含有螯合基的水溶性聚合物可用金属离子（如 Ca^{2+}、Mg^{2+}、Cu^{2+}、Al^{3+} 或 Cr^{3+}）在螯合基间进行整合作用形成凝胶。透明质酸、羧甲基葡聚糖、硫羧化葡聚糖、羧甲基淀粉和羧甲基纤维素可形成螯合凝胶。

脱乙酰壳多糖在稀酸溶液中可溶，而在 pH 值为 7 以上会沉淀。在阴离子如磷酸盐作用下脱乙酰壳多糖会形成凝胶。

四、特异性作用引起的凝胶化

许多蛋白质和糖蛋白也可形成凝胶（见表 7-4），但成胶机理与上述聚糖不同。蛋白质分子的凝胶化通常由某种特异性相互作用引起。这种特异性相互作用可以形象描述为钥匙与锁的关系。蛋白质分子与另一分子之间的键合要求它们的三维结构具有互补性。比如抗体-抗原以及纤维蛋白-原纤维之间就是一种特异性作用。

表7-4　蛋白质和多肽水凝胶

水凝胶	制备	应用
白蛋白	加热变性制白蛋白微球	
	白蛋白用戊二醛交联制微球	胰岛素控释
白蛋白/肝素	采用1-乙基-3-（3-二甲胺丙基）碳二亚胺和戊二醛制备白蛋白-肝素微球	多柔比星给药系统
白蛋白/聚乙二醇	用活化聚乙二醇交联白蛋白	酶的固定
胶原蛋白	胶原蛋白与纤连蛋白或层粘连蛋白冷却制备水凝胶	结合神经生长因子控制神经组织再生
	胶原蛋白溶液与干扰素冻干混合制成小丸	干扰素给药系统
胶原蛋白/聚甲基丙烯酸羟乙酯	甲基丙烯酸羟乙酯与胶原蛋白和抗癌物混合后，化学引发聚合制备水凝胶	抗癌药物控释
纤维蛋白	通过改变乳化体系中油酸/矿物油比值制备两种粒径的纤维蛋白珠	大分子药物传送
明胶	降温制备凝胶	
	用戊二醛交联制备微球	生长因子和干扰素传送
	丙烯酸缩水甘油酯改性明胶 γ 射线辐射交联制备水凝胶	
明胶/羧甲基纤维素	羧甲基纤维素与明胶混合后用戊二醛交联制备半互穿网络，羧甲基纤维素控制溶胀	
明胶/聚丙烯酰胺	明胶用戊二醛交联，丙烯酰胺用 N, N' -亚甲基二丙烯酰胺交联制备互穿网络	
明胶/聚甲基丙烯酸	明胶用戊二醛交联，甲基丙烯酸羟乙酯用 N, N' -亚甲基二丙烯酰胺交联制备	环境(pH值、离子强度、电场)影响性材料
羟乙酯	互穿网络	

续表

水凝胶	制备	应用
多肽	聚 L-鸟氨酸、鸟氨酸和酪氨酸共聚物戊二醛交联	用作聚阳离子
	聚（N-羟乙基 L-谷氨酸），聚（N-羟丙基 L-谷氨酸），聚（N-羟戊基 L-谷氨酸）及其共聚物用亚辛基二胺交联	用作皮肤替代品
	聚（2-羟乙基-L-谷氨酸）用二胺基十二烷支撑水凝胶薄膜	
	L-半胱氨酸、L-丙氨酸、L-谷氨酸用铁氰化钾氧化半胱氨酸残基交联	用作皮肤替代品

　　纤维蛋白原是一种血浆蛋白，由三种不同类型的多肽链（α 链、β 链和 γ 链）通过二硫键构成的哑铃形分子。凝血酶使纤维蛋白原断裂并释放出血纤肽 A 和血纤肽 B，生成纤维蛋白单体，纤维蛋白单体分子中部有两个作用部位。纤维蛋白单体聚合生成尾尾相连纤维蛋白低聚物（原纤维）（图 7-7）。原纤维横向缔合形成纤维蛋白聚合物，从而导致纤维蛋白凝胶或凝块。由纯净的纤维蛋白原生成的凝块可溶解 3mol/L 尿素溶液或 pH 值为 5.3 的 1mol/L NaBr 溶液中。血液中的转酰胺基酶会使原纤维中的纤维蛋白分子发生交联，使纤维蛋白凝胶更稳定。身体中的纤维蛋白凝胶可被酶（主要为血纤维蛋白溶酶）降解。

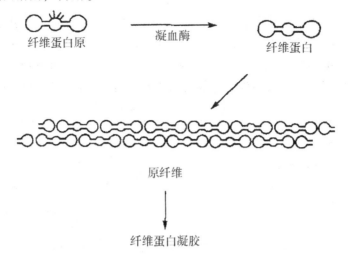

图 7-7　由纤维蛋白原生成纤维蛋白凝胶示意

　　纤维蛋白凝胶在组织间能生成稳定的连接。因此，纤维蛋白凝胶常被称为纤维蛋白胶或纤维蛋白组织黏合剂。纤维蛋白胶在各种手术中用作辅助黏合剂。除了使伤口封闭，纤维蛋白凝胶还可促进愈合。在其他蛋白质存在条件下纤维蛋白原溶液可形成任意大小和形状的凝胶，这一特性非常有利于用作控释给药系统。纤维蛋白凝胶对于固定活细胞而不影响生物活性非常有用。

　　黏液是一种半透明的、黏质的分泌物，形成一层薄薄的、连续的凝胶膜黏附在眼、鼻、呼吸道、胃肠道和女性阴道黏膜上皮表面。黏液的基本功能是对上皮细胞起润滑和保护作用。黏液和透明质酸一样可以快速恢复机械损伤。从杯状细胞中不断分泌的黏液对于由于消化、细菌降解和黏液分子溶解而丧失的黏液层的补充是必要的。

　　黏液的主要组分为能形成含有 95% 以上水分的黏弹性凝胶的高分子量糖蛋白。因为药物吸收部位覆盖着黏液层，采用生物黏附性制剂可使制剂附着在黏液层表面。黏膜黏合剂的开发取决于黏液与黏膜黏合剂之间相互作用。

第三节　化学水凝胶

一、水溶性单体与交联剂共聚合

　　水溶性单体在交联剂存在下进行聚合制备化学水凝胶。常用的水溶性单体见表 7-5。不仅小分子的 N,N'-亚甲基二丙烯酰胺而且一些化学改性的高分子也可用作交联剂，一般来说，含有两个以上具有反应活性的双键官能团的任何分子均可用作交联剂与乙烯基水溶性单体共聚合制备水凝胶。

表 7-5　一些水溶性乙烯基单体

单体	结构	单体	结构
丙烯酸	$CH_2{=}CH$ | $COOH$	乙烯基吡咯烷酮	$CH_2{=}CH$ N-O环
甲基丙烯酸	CH_3 | $CH_2{=}C$ | $COOH$	甲基丙烯酸羟乙酯	CH_3 | $CH_2{=}C$ | $COOCH_2CH_2OH$

单体	结构	单体	结构
丙烯酰胺	$CH_2{=}CH$ $\|$ $CONH_2$	乙酸乙烯酯	$CH_3COOCH{=}CH_2$
甲基丙烯酰胺	CH_3 $\|$ $CH_2{=}C$ $\|$ $CONH_2$	甲基丙烯酸缩水甘油酯	CH_3 $\|$ $CH_2{=}C$ $\|$ $COOCH_2{-}CH{-}CH_2$ (环氧)

含有羟基、氨基、羧基或硫酸酯基的水溶性大分子通过与相应的各种化学试剂反应而引入双键官能团（图7-8）。

$$\text{(P)}{-}OH + Cl{-}\overset{O}{\overset{\|}{C}}{-}CH{=}CH_2 \longrightarrow \text{(P)}{-}O{-}\overset{O}{\overset{\|}{C}}{-}CH{=}CH_2$$

丙烯酰氯

$$\text{(P)}{-}OH + CH_2{-}CH{-}CH_2{-}O{-}\overset{O}{\overset{\|}{C}}{-}CH{=}CH_2 \longrightarrow$$

丙烯酸缩水甘油酯

$$\text{(P)}{-}O{-}CH_2{-}\underset{OH}{CH}{-}CH_2{-}O{-}\overset{O}{\overset{\|}{C}}{-}CH{=}CH_2$$

$$\text{(P)}{-}NH_2 + Cl{-}\overset{O}{\overset{\|}{C}}{-}\overset{CH_3}{\overset{|}{C}}{=}CH_2 \longrightarrow \text{(P)}{-}NH{-}\overset{O}{\overset{\|}{C}}{-}\overset{CH_3}{\overset{|}{C}}{=}CH_2$$

甲基丙烯酰氯

$$\text{(P)}{-}NH_2 + OCN{-}CH_2{-}CH_2{-}O{-}\overset{O}{\overset{\|}{C}}{-}CH{=}CH_2 \longrightarrow$$

丙烯酰乙基异氰酸酯

$$\text{(P)}{-}NH{-}\overset{O}{\overset{\|}{C}}{-}NH{-}CH_2{-}CH_2{-}O{-}\overset{O}{\overset{\|}{C}}{-}CH{=}CH_2$$

$$\text{(P)}{-}NH_2 + H_2C{-}CH{-}CH_2{-}O{-}CH_2{-}CH{=}CH_2 \longrightarrow$$

烯丙基缩水甘油酯

$$\text{(P)}{-}NH{-}CH_2{-}\underset{OH}{CH}{-}CH_2{-}O{-}CH_2{-}CH{=}CH_2$$

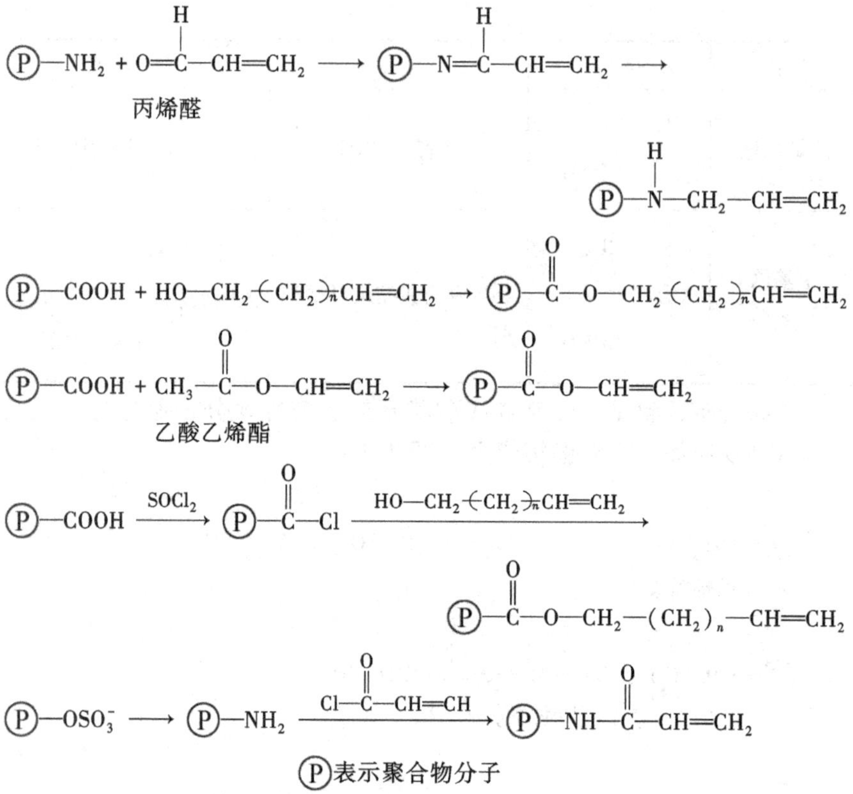

Ⓟ表示聚合物分子

图 7-8　在含有羟基、氨基、羧基和硫酸基的聚合物上引入双键的反应

在水溶性碳二亚胺作用下，大分子上的羧基与具有双键的醇反应而引入双键。此外，在硫酸和乙酸汞催化作用下，羧酸与乙酸乙烯反应可制得乙烯酯。大分子中的硫酸基团可先转化成氨基，再转化为乙烯基。

二、水溶性聚合物的交联

（一）与羟基的交联反应

如图 7-9 所示为含有羟基的水溶性大分子的交联反应。二环氧化物常用于聚糖的交联。在碱性条件下，环氧化物与亲核基团如羟基发生开环反应。

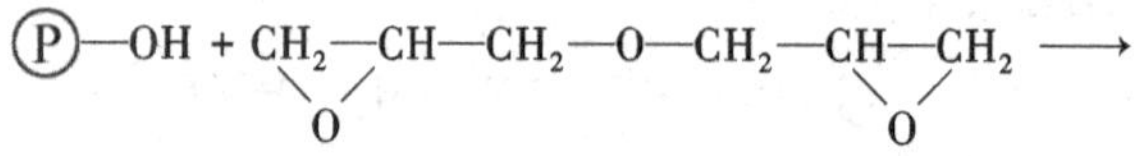

二（2，3-环氧丙烷）醚

$$P{-}O{-}CH_2{-}CH{-}CH_2{-}O{-}CH_2{-}CH{-}CH_2{-}O{-}P$$
$$OHOH$$

$$P{-}OH + CH_2{=}CH{-}SO_2{-}CH{=}CH_2 \longrightarrow$$

二乙烯基砜

$$P{-}O{-}CH_2{-}CH_2{-}SO_2{-}CH_2{-}CH_2{-}O{-}P$$

$$P{-}OH + \text{碳二咪唑} \longrightarrow P{-}O{-}\overset{O}{\overset{\|}{C}}{-}O{-}P$$

碳二咪唑

$$P{-}OH + Cl{-}CH_2{-}CH{-}CH_2 \longrightarrow P{-}O{-}CH_2{-}CH{-}CH_2{-}O{-}P$$

表氯醇

$$P{-}OH + \text{氰脲酰氯} \longrightarrow P{-}O{-}\text{(三嗪环)}{-}O{-}P$$

氰脲酰氯

$$P{-}OH + Cl{-}\overset{O}{\overset{\|}{C}}{-}\bigcirc{-}\overset{O}{\overset{\|}{C}}{-}Cl \longrightarrow P{-}O{-}\overset{O}{\overset{\|}{C}}{-}\bigcirc{-}\overset{O}{\overset{\|}{C}}{-}O{-}P$$

对苯二甲酰氯

$$P{-}OH + CS_2 \longrightarrow P{-}O{-}\overset{S}{\overset{\|}{C}}{-}S{-}S{-}\overset{S}{\overset{\|}{C}}{-}O{-}P$$

二硫化碳

$$P{-}OH + HCHO \longrightarrow P{-}O{-}CH_2{-}O{-}P$$

甲醛

$$P{-}OH + OHC{-}(CH_2)_3{-}CHO \longrightarrow P{-}CH{-}(CH_2)_3{-}CH{-}P$$

戊二醛

$$P{-}OH \xrightarrow{CNBr} 2\,P{-}O{-}C{\equiv}N \xrightarrow{H_2N{-}R{-}NH_2}$$

氰酸酯

$$P{-}O{-}\overset{NH}{\overset{\|}{C}}{-}NH{-}R{-}NH{-}\overset{NH}{\overset{\|}{C}}{-}O{-}P$$

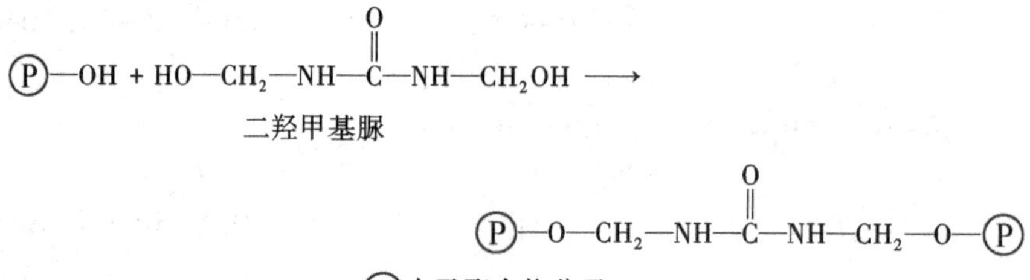

$$P\text{—OH} + HO\text{—}CH_2\text{—}NH\text{—}\overset{\displaystyle O}{\overset{\|}{C}}\text{—}NH\text{—}CH_2OH \longrightarrow$$

二羟甲基脲

$$P\text{—}O\text{—}CH_2\text{—}NH\text{—}\overset{\displaystyle O}{\overset{\|}{C}}\text{—}NH\text{—}CH_2\text{—}O\text{—}P$$

P 表示聚合物分子

图 7-9　含有羟基的水溶性大分子的交联

（二）与氨基的交联反应

许多交联剂可直接与水溶性大分子上的氨基反应而发生交联（图 7-10）。N-琥珀酰亚胺衍生物对氨基选择性最强，芳基卤次之。在温和条件（如 pH 值范围为 7～10）下，亚氨酸酯易于与氨基发生高度特异性反应形成脒衍生物。二琥珀酰亚胺衍生物易于在 pH 值范围为 6～9 条件下与氨基反应。白蛋白可用二（3-硝基-4-氟苯基）砜或（4,4′-二氟-3,3′-二硝基二苯砜）交联。

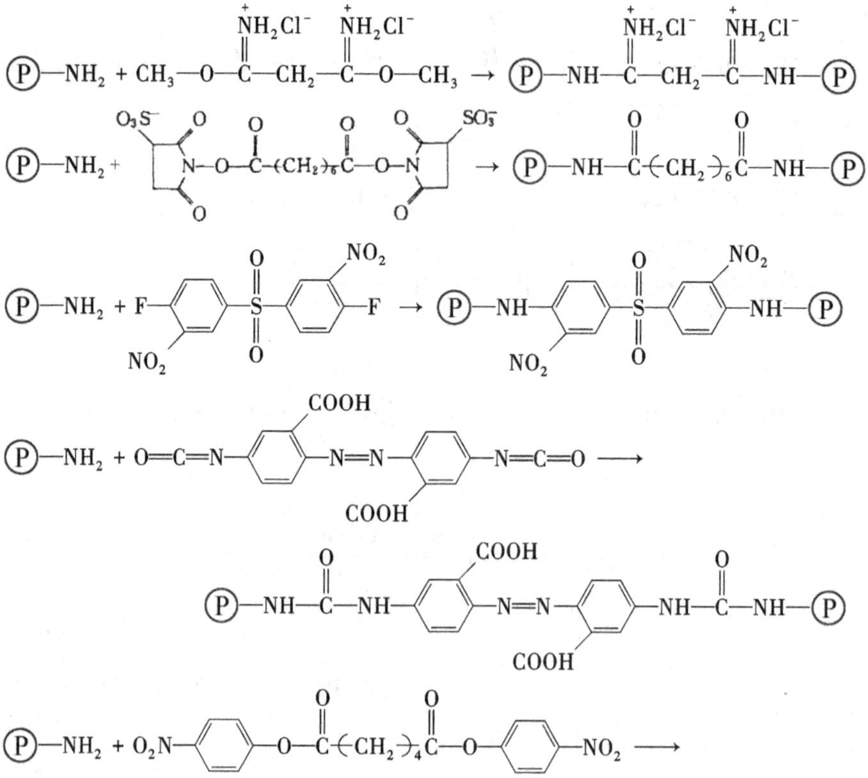

$$P\text{—}NH_2 + CH_3\text{—}O\text{—}\overset{\overset{\displaystyle \overset{+}{N}H_2 Cl^-}{|}}{C}\text{—}CH_2\text{—}\overset{\overset{\displaystyle \overset{+}{N}H_2 Cl^-}{|}}{C}\text{—}O\text{—}CH_3 \rightarrow P\text{—}NH\text{—}\overset{\overset{\displaystyle \overset{+}{N}H_2 Cl^-}{|}}{C}\text{—}CH_2\text{—}\overset{\overset{\displaystyle \overset{+}{N}H_2 Cl^-}{|}}{C}\text{—}NH\text{—}P$$

$$P\text{—}NH_2 + \text{（磺酸基琥珀酰亚胺酯）} \rightarrow P\text{—}NH\text{—}\overset{O}{\overset{\|}{C}}\text{—}(CH_2)_6\overset{O}{\overset{\|}{C}}\text{—}NH\text{—}P$$

$$P\text{—}NH_2 + \text{二（3-硝基-4-氟苯基）砜} \rightarrow P\text{—}NH\text{—（芳基砜）—}NH\text{—}P$$

$$P\text{—}NH_2 + O\text{=}C\text{=}N\text{—（偶氮苯二甲酸）—}N\text{=}C\text{=}O \longrightarrow$$

$$P\text{—}NH\text{—}\overset{O}{\overset{\|}{C}}\text{—}NH\text{—（偶氮苯二甲酸）—}NH\text{—}\overset{O}{\overset{\|}{C}}\text{—}NH\text{—}P$$

$$P\text{—}NH_2 + O_2N\text{—}\overset{}{\bigcirc}\text{—}O\text{—}\overset{O}{\overset{\|}{C}}\text{—}(CH_2)_4\text{—}\overset{O}{\overset{\|}{C}}\text{—}O\text{—}\overset{}{\bigcirc}\text{—}NO_2 \longrightarrow$$

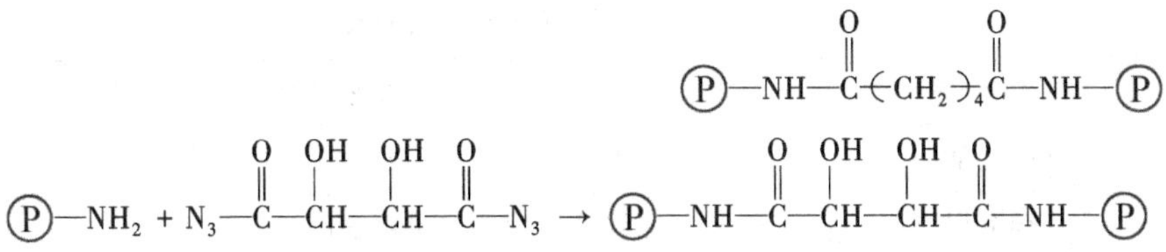

$$\begin{array}{c} \text{O} \quad\quad\quad\quad \text{O} \\ \| \quad\quad\quad\quad \| \\ \textcircled{P}-NH-C+CH_2\rightarrow_4C-NH-\textcircled{P} \end{array}$$

$$\textcircled{P}-NH_2 + N_3-\overset{O}{\underset{\|}{C}}-\overset{OH}{\underset{|}{CH}}-\overset{OH}{\underset{|}{CH}}-\overset{O}{\underset{\|}{C}}-N_3 \rightarrow \textcircled{P}-NH-\overset{O}{\underset{\|}{C}}-\overset{OH}{\underset{|}{CH}}-\overset{OH}{\underset{|}{CH}}-\overset{O}{\underset{\|}{C}}-NH-\textcircled{P}$$

$\textcircled{P}$表示聚合物分子

图 7-10　含有氨基的水溶性大分子的交联

二异氰酸酯和二异硫氰酸酯可与氨基反应形成稳定的脲和硫脲衍生物。二硝基苯酯与氨基的反应速度更快，只是特异性较差。二环氧化物可用作交联剂与伯氨反应。

（三）非特异性交联

相对惰性的分子辐射可产生两类反应性中间体：自由基和卡宾或氮宾。

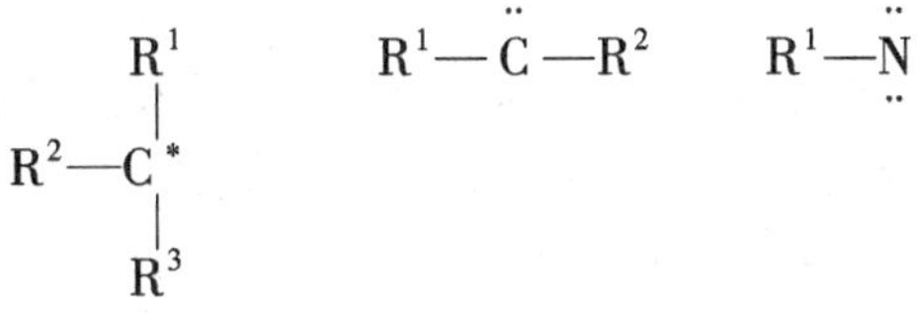

$$\begin{array}{ccc} R^1 & R^1\!-\!\overset{\cdot\cdot}{C}\!-\!R^2 & R^1\!-\!\overset{\cdot\cdot}{\underset{\cdot\cdot}{N}} \\ | & & \\ R^2\!-\!\overset{*}{C} & & \\ | & & \\ R^3 & & \end{array}$$

自由基　　　　卡宾　　　氮宾

单键和双键均裂分别生成岛由基和卡宾或氮宾。电离辐射（如 γ 射线）或小分子自由基可使化学稳定的聚合物活化生成自由基。聚合物分子上的自由基相互作用生成共价键。卡宾和氮宾由具有光活性基团产生，它们可与许多化学键包括 C—H 作用。因此，卡宾和氮宾的交联也是非特异性的。

电离要求高能辐射，辐射能不得低于 10eV，即 1000kJ/mol，对应波长约为 100nm。辐射引起的分子中化学键的断裂并不是随意的，而是有高度选择性的。化学键断裂生成自由基，自由基反应会引起交联或降解，取决于高分子的化学结构。实际上，交联和降解几乎同时进行，其总体效应由交联和降解哪个占主导地位决定。表 7-6 列出了两类聚合物。如果每个主链 C 原子上至少连有一个 H 原子，则该聚合物倾向形成交联；若主链存在四取代 C 原子，则该聚合物倾向降解。如果浓度足够高，辐射交联使聚合物溶液形成水凝胶。辐射引起聚会物交联如图 7-11 所示。辐射诱导聚合物降解则是由于链的断裂。紫外（UV）辐射也可生成自由基，由于 UV 的能量比电离辐射要小得多，UV 照射深度有限，UV 诱导大分子交联仅能在表面层进行。蛋白质可在紫外光下进行交联。在 254nm 处 UV 辐射下蛋白质分子中主要是位于酪氨酸和苯丙氨酸的芳香残基上产生自由基。

表 7-6　辐射导致降解或交联的聚合物

交联聚合物	降解聚合物	交联聚合物	降解聚合物
聚丙烯酸	聚甲基丙烯酸	聚乙烯醇	—
聚丙烯酸甲酯	聚甲基丙烯酸甲酯	聚酰胺	—
聚丙烯酰胺	聚甲基丙烯酰胺	聚酯	—
聚乙烯基吡咯烷酮	—	聚丙烯醛	

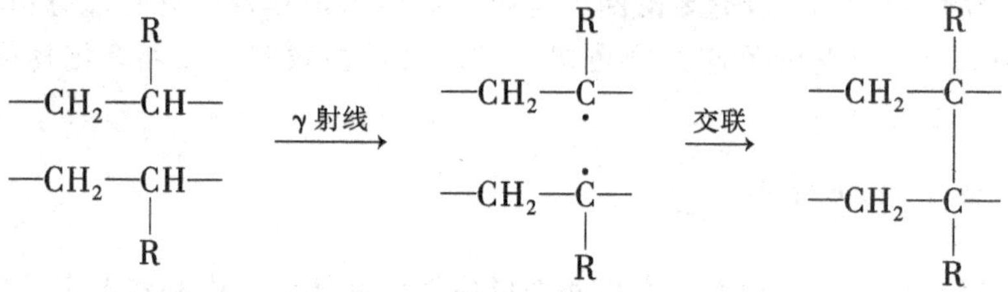

图 7-11　辐射引起的聚合物交联

　　氮宾由叠氮基化合物如烷基叠氮、芳基叠氮或酰基叠氮化合物光解制得。卡宾则由重氮化合物如 α-重氮甲酮、芳基重氮甲烷经辐射生成。

$$R\text{—}N{=}N^+{=}N^- \longrightarrow R\text{—}N: + \quad N_2$$

叠氮　　　　　　氮宾

$$R_2CN_2 \longrightarrow R_2C: + \quad N_2$$

生氮化合物　卡宾

　　卡宾与氮宾的反应相似，只是氮宾的反应活性比卡宾要低得多。它们可以攻击很多化学键包括 C—H 键。芳基叠氮应用最广，因为其化学稳定性最好，而且，在较长波长（如大于 300nm）照射下也能光解。烷基叠氮在 UV 区有最大吸收。氮宾极具反应性，如：通过基团转移生成亚胺，夺氢反应生成氨，偶连反应生成偶氮化合物，插入双键、C—H、N—H 和 O—H 键中。

第四节　水凝胶的降解

一、化学诱导降解

　　在一些合成生物降解性聚合物中，聚酐、聚缩酮和聚原酸酯降解太快，而聚脲、聚碳酸酯、聚氨酯和聚酰胺水解很慢。聚缩醛和聚酯水解速度比较适合于生物医用和药用，特别是聚酯很适宜用作生物降解性水凝胶。

水凝胶经非胃肠道进入人体后，可能被网状内皮组织系统的细胞吸收，即所谓的内吞作用。从降解水凝胶中释放的水溶性物质可通过肾脏消除。10μm左右的聚合物微球口服进入人体后可通过小肠中的派伊尔淋巴集结细胞吞噬作用进入人体。聚合物可通过代谢或排泄而消除，取决于降解产物的性质。代谢主要在肝中进行，肺中也可发生。排泄则通过肾脏中肾小球过滤、肾小管分泌和重吸收进行。低分子量水溶性降解产物经肾小球过滤消除。

（一）影响化学诱导水解的因素

化学诱导水解可分为主链或侧链断裂。水解反应可以是可逆的或不可逆的。宏观上，有均相或非均相降解之分。一般来说，当水扩散到聚合物基质中的速度比总体水解速度快时，会发生均相水解；若水扩散慢于水解，则将发生非均相或表面水解。

除了化学键的类型外，水解速度和程度与聚合物亲水性有关，亲水性越强，越易水解。高分子量、高度枝化、高玻璃化转变温度或高度结晶都不利于水解，它们会影响链的柔顺性，降低水的扩散。用亲水性单体共聚合增加亲水性组分，与亲水性聚合物共混有利于水解。影响水解的其他因素包括聚合物基质中的杂质或添加剂、水解产物的性质、邻位基团的反应活性。加入催化剂如酸、碱等会加速水解。

（二）聚酯的化学诱导水解

聚乙交酯是亲水性最好的聚酯之一。聚酯是半结晶性的，通常结晶度为50%。由于其亲水性好，水在几分钟内就可渗透进入聚乙交酯纤维。在37℃下，聚乙交酯初始水含量约为14%，随着水解的进行，水含量增加到42%。

聚乙交酯水解分为两个阶段。首先，水解在无定形区发生，因为水难以进入结晶区。随水解进行，聚合物结晶度在开始第二阶段水解之前不断增大直至某一最大值。这可能是由于随着水解，聚合物链重组，生成更有序的结晶态。第二阶段的水发生在结晶区，此阶段结晶度随水解而不断降低，pH值急剧降低、羟基乙酸的浓度明显增大。任何影响无定形区和结晶区比值的因素都将大大影响水解速度。

聚乙交酯的水解速度具有pH值依赖性。当pH值从5.22提高到7.4时，水解速度变化不大。但当pH值增大到10.6时，聚酯水解显著加快。

聚（L-丙交酯）和聚（D-丙交酯）具有半结晶性；聚（DL-丙交酯）是无定形的。因为 D-乳酸难以被体内代谢，聚（L-丙交酯）比较适合用作生物材料。聚合物主链上的甲基具有疏水性使聚丙交酯的吸水量仅为 2%。疏水性和高结晶度使聚（L-丙交酯）难以水解，相比较而言，聚（DL-丙交酯）由于其无定形结构较易水解。

聚（L-丙交酯）和聚（DL-丙交酯）的水解可分为两个阶段。第一阶段水解导致分子量降低和拉伸强度降低，但材料质量损失很小；第二阶段材料质量和机械强度都显著地降低。半结晶性聚（L-丙交酯）的水解首先发生在无定形区，后阶段在结晶性区发生水解。结晶区水解要比无定形区慢得多。无定形的聚（DL-丙交酯）在第二阶段链的断裂速度增大。

聚（L-丙交酯）与其他生物降解性聚合物（如聚己内酯或丙交酯-乙交酯共聚物）共混可以调节水解速度。碱对聚（L-丙交酯）水解具有催化作用。聚（L-丙交酯）微球水解可被掺入其中的叔胺催化加速。另外，掺入的美沙酮、异丙嗪、哌替啶也会使微球在磷酸缓冲溶液中水解速度加快。哌替啶催化水解作用最强，美沙酮和异丙嗪次之。纳曲酮未见催化作用。

半结晶性聚己内酯水解也分为两个阶段。与其他聚酯相似，水解首先发生在无定形区，分子量按一级动力学降低，结晶度增大；后阶段水解使聚合物分子量、机械强度和样品质量急剧降低。

己内酯与 DL-丙交酯、γ-戊内酯或 ε-癸内酯共聚物比聚己内酯水解快。聚己内酯可被一些特异性酸和碱催化水解。在油酸或癸胺作用下聚己内酯水解急剧加快；三丁基胺水解催化效应适中。

聚对苯二甲酸乙酯是半结晶性的，结晶度约为 40%。聚对苯二甲酸乙酯催化水解机理为本体降解，水解发生在无定形区；酸催化水解为表面水解。

聚羟基丁酸(PHB)以及羟基丁酸-羟基戊酸共聚物［P(HB-HV)］的水解分为两个阶段。第一阶段，样品质量有一定损失，吸水量增加；第二阶段样品质量和吸水量急剧变化。PHB 和 P(HB-HV) 皮下植入老鼠体内的降解要比它们在缓冲溶液中快。因此，可以认为体内降解过程中酶催化水解发挥了作用。P(HB-HV)的结晶性会降低其水解速度。P(HB-HV)与聚糖共混可调节水解速度。P(HB-HV)与直链淀粉、糊精、右旋糖酐或海藻酸钠熔融共混。HV 在共聚物中含量为 12% 或 20%，聚糖在共混物中的量为 10% 或 30%（质量分数）。从表 7-7 中可知，随共混物中聚糖含量增大，样品质量损失增大。在 pH 值为 7.4 条件下，P(HB-HV)/海藻酸钠共混物的水解最快。共聚物中 HV 含量增大，水解速度增大，因为样品结晶度下降。由于共混的聚糖溶出或释放，样品孔隙率增大，引起共混物水解加快。

表 7-7 P（HB-HV）/聚糖共混物进入 37℃，
pH 值为 7.4 缓冲溶液中，样品质量损失 10% 所需水解时间

样　品		时间/d		样　品		时间/d	
		12% HV	20% HV			12% HV	20% HV
P（HB-HV）		>600	>600	右旋糖酐	10%	312	76
直链淀粉	10%	484	431		30%	25	9
	30%	240	230	海藻酸钠	10%	122	44
糊精	10%	462	410		30%	5	2
	30%	84	14				

　　聚二氧杂环己烷酮植入老鼠体内与在缓冲溶液中的分子量和拉伸强度的损失相当，这表明聚二氧杂环己烷酮的降解为非酶催化水解。二氧杂环己烷酮与丙交酯、乙交酯共聚物比聚二氧杂环己烷酮均聚物水解快。

二、酶催化水解

（一）改性蛋白质的酶催化降解

　　蛋白质的化学改性将影响酶催化降解。糖蛋白能抵抗胰蛋白酶催化的水解，经高碘酸盐氧化或酸水解后，则很容易发生降解。亚硫酰氯和甲醇改性的牛血清白蛋白的胰蛋白酶催化降解作用得到提高，而用丙烯酸缩水甘油酯改性的人和牛血清白蛋白被胃蛋白酶和胰蛋白酶水解的作用减弱。显然，化学改性对酶催化降解的影响是复杂的。

　　丙烯酸缩水甘油酯改性白蛋白与乙烯基单体共聚制得的酶降解水凝胶在含有胃蛋白酶的人工胃液中比不含有酶的人工胃液中的溶胀要快，溶胀程度也更大一些。酶的存在使凝胶结构被破坏，最后完全溶解。水凝胶降解方式与白蛋白改性程度有关，或与聚合物网络中结合白蛋白程度有关。随着每个白蛋白分子交联的聚合物链数量增大，聚合物链间低聚肽链段尺寸和运动性减小。这会限制酶-底物配合物的形成。当白蛋白结合程度很高，足以降低酶降解速度，从而使酶渗透到水凝胶中受到溶胀控制时，发生本体降解。当白蛋白结合程度很低，交联点间的低聚肽链段尺寸和运动性较大时，酶催化降解很快，发生表面降解。

　　白蛋白微球可被胶原酶、胃蛋白酶、蛋白酶和胰蛋白酶降解。在黄体酮存在的条件下，用戊二醛交联乳化的白蛋白制得载药白蛋白微球。白蛋

白微球交联密度通过改变戊二醛浓度加以调节。随着戊二醛含量从1%升至4%（体积分数），改性赖氨酸残基数从21上升到47。肌肉注射后，白蛋白微球2个月后发生降解。

戊二醛交联的载有多柔比星的白蛋白微球静脉注射后，在肺中停留的时间取决于戊二醛的浓度。用0.3%戊二醛交联样品在静脉注射2天后几乎全部降解了；而用0.5%和1.0%戊二醛交联的样品分别降解87%和57%。

^{125}I标记戊二醛交联的白蛋白微球会滞留于老鼠的肺、肝和肾脏的毛细血管床中。通过测量在各组织中放射性确定降解速度。在肺中放射性衰减50%仅需2d；在肝中则需3.6d。将微球放置在血清中，9d后，仅有少量放射性衰减。因为在血清中降解很慢，因此，交联白蛋白的降解可能是与炎症反应有关的酶催化引起的。

用γ射线照射丙烯酸缩水甘油酯改性明胶溶液制备明胶水凝胶。随着γ射线辐射剂量从0.16mrad升至0.48mrad，明胶水凝胶在不含胃蛋白酶的人工胃液中的溶胀比减少30%。随γ射线辐射剂量增大，即交联密度增大，胃蛋白酶催化降解减慢。

随用于交联的戊二醛浓度增大，载有干扰素的明胶微球抵抗胶原酶催化水解的作用增大，干扰素释放速度降低。这可能是由于戊二醛浓度越大，明胶微球交联密度增大，酶难以渗透到聚合物网络中，酶-底物相互作用受到限制的结果。用老鼠腹膜吞噬细胞研究其对载有干扰素的明胶微球的吞噬，微球降解和药物的释放也随戊二醛浓度增大而减小。明胶微球具有明显的肝动脉检塞作用，直至28d后仍可在肝中检测到。微球降解半衰期约为7～14d。明胶降解可能是溶酶体破裂，随后被周围细胞吞噬引起的。

（二）改性酶

聚合物接枝酶在许多方面得到应用。和蛋白质母体相比，聚合物-蛋白质轭合物免疫方面的副作用可减到最小的程度，体循环半衰期延长。一般来说，血浆中的蛋白水解酶或分子内溶酶体酶催化聚合物-蛋白质轭合物降解也较慢。接枝的水溶性聚合物对其他血浆蛋白质分子的立体排斥作用可能起了重要作用。

单甲氧基聚乙二醇是制备聚合物-酶轭合物最常用的聚合物，另外，还有聚乙烯基吡咯烷酮。单甲氧基聚乙二醇通常用氰尿酰氯、羰二咪唑活化。三嗪活化的单甲氧基聚乙二醇轭合到肝过氧化氢酶。酶改性程度取决于加入的活化单甲氧基聚乙二醇的量。过氧化氢酶可被胰蛋白酶作用在40min内完全失活，而单甲氧基聚乙二醇-过氧化氢酶在胰蛋白酶作用150min后仍具有90%活性。糜蛋白酶的作用也有相似效应。静脉注射后，过氧化氢酶在 10h 内活性丧失约 80%；而单甲氧基聚乙二醇-过氧化氢酶 50h 后仍具有活性。

三嗪活化的单甲氧基聚乙二醇还可以偶合胰蛋白酶、苯丙氨酸脱氨酶、天冬酰胺酶、超氧化物歧化酶、酰基-纤溶酶-链激酶配合物。三嗪活化的单甲氧基聚乙二醇与苯丙氨酸脱氨酶或天冬酰胺酶的轭合物对胰蛋白酶催化降解具有显著抑制作用。改性和未改性的苯丙氨酸脱氨酶的兔体循环半衰期分别为 20h 和 6h。改性和未改性天冬酰胺酶的老鼠体循环半衰期分别为 56h 和 2.9h。单甲氧基聚乙二醇对超氧化歧化酶改性程度对其老鼠体循环半衰期有显著影响。随改性程度增大，超氧化歧化酶轭合物半衰期从 3h 延长到 25h。

右旋糖酐-酶轭合物一般采用溴化氰或高碘酸盐活化右旋糖酐制备。溴化氰活化右旋糖酐可轭合到溶菌酶、糜蛋白酶和 β-葡萄糖苷酶。右旋糖酐-溶菌酶轭合物对糜蛋白酶失活具有明显阻抗作用。溶菌酶在 2d 内完全失活；而改性溶菌酶在相同时间内仍保有 40% 活性。

α-直链淀粉和过氧化氢歧化酶也可与溴化氰活化的右旋糖酐轭合，轭合用右旋糖酐的分子量为 60000～90000。右旋糖酐-α-直链淀粉和右旋糖酐-过氧化氢歧化酶与其母体酶相比活性延长。静脉注射 2h 后，改性 α-直链淀粉仍保有 75% 活性，而未改性的活性仅保有 16%。改性过氧化氢歧化酶保有 70% 活性，未改性的仅有 7%。

羧肽酶 G_2 与右旋糖酐轭合，溴化氰活化右旋糖酐分子量为 40000～150000。胰蛋白酶或糜蛋白酶可使羧肽酶 G_2 在 3h 内完全失活；而右旋糖酐-羧肽酶 G_2 轭合物的活性长时间（18h）不受影响。改性后羧肽酶 G_2 体循环半衰期从 3h 延长到 14h。轭合用右旋糖酐的分子量亦有影响，用分子量较大右旋糖酐轭合的羧肽酶 G_2 体循环半衰期可达 46h。未降解的右旋糖酐-羧肽酶 G_2 轭合物优先被肝吸收，而未改性羧肽酶 G_2 则快速从尿液中清除。

将 L-天冬酰胺酶用高碘酸盐活化右旋糖酐轭合。该轭合物用于治疗淋巴性白血病。右旋糖酐-L-天冬酰胺酶轭合物可以明显阻抗胰蛋白酶或糜蛋白酶的失活，能延长在血浆中的生物活性。L-天冬酰胺酶人体循环半衰期为 12h；而改性 L-天冬酰胺酶半衰期延长到 11d。

（三）改性聚糖酶催化降解

右旋糖酐改性方法主要有：①高碘酸盐氧化后再用硼氢化钠还原生成醛右旋糖酐；②琥珀酸酐酰化生成右旋糖酐单琥珀酸酯衍生物；③4-硝基苯氯甲酸酯酰化再与氨反应生成右旋糖酐氨基甲酸酯。将改性右旋糖酐用从鼠肝中分离的毛丛葡聚糖酶或溶酶体酶培养，随着改性程度增加，降解速度下降。

用氯甲酸乙酯和丁酯改性右旋糖酐生成环状和链间碳酸酯（即交联右旋糖酐）。交联的、水不溶性的右旋糖酐对葡聚糖酶的水解有阻抗性。而水溶性碳酸乙酯和丁酯衍生物水解速度取决于取代度和葡聚糖酶的浓度。

右旋糖酐依次通过羧甲基化、苄胺偶合到羧基上生成羧甲基苄胺右旋糖酐，将苄胺基磺化生成羧甲基苄胺磺化右旋糖酐。采用电位滴定和元素分析确定取代度。通过测定分子量确定葡聚糖酶催化降解程度。随羧基化程度增大，酶降解程度降低。当羧基官能度为 54%，苄氨基-磺酸酯基官能度为 19.5%，右旋糖酐衍生物可以完全阻抗降解。

淀粉在碱性条件下与甲基丙烯酸缩水甘油酯反应而改性。改性程度受控于甲基丙烯酸缩水甘油酯的浓度和反应时间。随改性程度增大，水凝胶坚固性增大，表明水凝胶交联密度增大。水凝胶的水解速度随淀粉改性程度增大而降低。

水溶性淀粉丙烯酸缩水甘油酯烷基化或用丙烯酰氯酰基化改性。淀粉微球通过自由基乳液聚合制备。淀粉改性程度增大，微球交联密度增大。微球被 α-直链淀粉酶、淀粉葡萄糖苷酶或溶酶体酶降解随改性程度增大而降低。

脱乙酰壳多糖用乙酸酐和 D-氨基葡萄糖混合物 N-酰基化。采用元素分析的方法测定 C/N 比值确定取代度。N-酰化程度可通过改变混合物中乙酸酐的量加以调控。溶菌酶的水解活性依赖于脱乙酰壳多糖改性程度。当取代度高达 0.8 时，水解速度最大。

第五节　生物降解性水凝胶的应用

下面介绍一些降解性水凝胶在给药系统中的应用。

一、载药

在制备水凝胶给药系统过程中存在一个如何载药的问题。一般来说，载药方法有如下几种。

（1）在聚合前加入药物。如果药物具有足够的稳定性且不影响聚合反应，在聚合前可将药物与单体直接混合，当聚合结束后，药物也结合进聚合物中。该法简单，存在的问题是对聚合产物的纯化分离如何避免载药量的损失。

（2）将水凝胶放入含有药物的溶液中，达到平衡后，干燥除去溶剂以制备载药水凝胶。在溶剂从凝胶中除去的过程中，药物会向凝胶表面移动，这种移动取决于溶剂和药物的性质。由于药物在凝胶表面分布较多，说明水凝胶中药物分布是不均匀的。这常会引起药物明显突释。高分子药物如多肽和蛋白质药物通过水凝胶在含药水溶液中溶胀或平衡载药效率是很低的。因为多肽和蛋白质分子尺寸较大，难以扩散进入水凝胶。采用电泳方法可将蛋白质药物载入水凝胶中。电化学梯度使蛋白质药物转运到水凝胶中。

（3）在水凝胶制备过程载药。许多蛋白质药物可在水凝胶制备过程中载药，在药物溶液中对水溶性药物进行交联，若采用紫外或 γ 射线辐射交联，则所得载药水凝胶不需纯化除去交联剂。

二、明胶微球

采用硫酸钠为凝聚剂，甲醛或戊二醛为固化剂，通过简单凝聚可制备明胶微囊。将含有药物的液滴加入恒速搅拌的 10% 明胶溶液，微囊形成后，加入到冷冻的硫酸钠溶液中固化，并进一步用甲醛交联制备微囊。大小均匀的微囊释药（释药率为 10%～90%）符合零级动力学。如图 7-12 所示，表明微囊释药与固化时间有直接的关联，随固化时间延长，释药减慢。

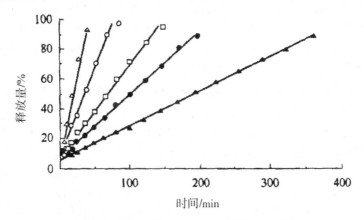

微球固化时间：固化 1h（○）；固化 2h（□）；
固化 4h（●）；固化 8h（▲）和未固化（△）

图 7-12　药物从明胶微球中释放曲线

戊二醛交联明胶微球用作干扰素靶向巨噬细胞的载体。在含有药物的溶液中，用戊二醛交联明胶微球，从而使干扰素结合到微球中，干扰素的释放与交联程度密切相关。将载药微球浸入不含胶原酶的磷酸缓冲溶液中，明胶微球不发生降解，也未见药物释放；而在含有胶原酶的磷酸缓冲溶液中微球发生降解，可见药物从微球中释出。这表明干扰素的释放是由明胶主链降解引起的。随着戊二醛浓度从 0.03mg/mg 明胶增大到 1.33mg/mg 明胶，不同交联度的明胶微球浸入含有胶原酶的缓冲溶液 24h，微球降解百分率从98%降至60%，相应地干扰素的释放从100%减少到20%。将含有^{125}I标记干扰素的明胶微球加到老鼠腹膜巨噬细胞混悬液中，微球被吞噬，在巨噬细胞内被逐渐降解。降解速度也与微球交联密度有关。干扰素在微球交联过程中，发生分子内和分子间交联，而从微球中释放的干扰素仍具有生物活性。

三、淀粉微球

淀粉可用二价或多价阳离子交联。如 Ca^{2+} 可与淀粉分子中的羟基反应。Ca^{2+} 交联使淀粉基质更紧密，从而对淀粉酶解速度和药物从基质中的扩散产生影响。大分子如肌球蛋白、牛血清白蛋白在含有 α-淀粉酶的人工胃液和肠液中从 Ca^{2+} 交联淀粉基质中的释放与淀粉酶活性有关；而低分子量的水杨酸在相同介质中从相同基质中的释放与酶活性无关。因为大分子释放受降解控制，而小分子水杨酸的释放受扩散控制。

淀粉用于制备自调式纳曲酮传送系统。淀粉与甲基丙烯酸缩水甘油酯反应引入双键而改性，改性淀粉进一步与不饱和酸单体如丙烯酸、甲基丙烯酸、马来酸或衣康酸共聚合而交联。纳曲酮首先分散在生物溶蚀性甲基乙烯基醚和马来酸酐的己半酸共聚物基质中，制成载药核心；然后用上述改性酸性淀粉包衣；再包一层淀粉酶，该淀粉酶被拮抗吗啡的抗体抑制；最外层为只有吗啡和纳曲酮才能渗透的微孔膜。一旦该给药系统中引入吗啡，淀粉酶-抗体配合物发生解离，淀粉酶恢复活性，酸性淀粉酶随即发生降解，载药核心暴露在生理 pH 值条件下，纳曲酮迅速释放出来。因为甲基乙烯基醚和马来酸酐的己半酯共聚物在 pH<6 时不溶，只有当 pH>6 对才开始溶解。在生理 pH=7.4 时，纳曲酮从聚合物基质中快速释放。酸性淀粉包衣为聚合物基质提供了稳定性，从而阻止了酶活化前药物的释放。

参考文献

[1] 施晓文，邓红兵，杜予民. 甲壳素/壳聚糖材料及应用 [M]. 北京：化学工业出版社，2015.

[2] 何小维，黄强. 淀粉基生物降解材料 [M]. 北京：中国轻工业出版社，2008.

[3] 王玉忠，汪秀丽，宋飞. 淀粉基新材料 [M]. 北京：化学工业出版社，2015.

[4] (美) 史密斯. 生物降解聚合物及其在工农业中的应用 [M]. 戈进杰，王国伟，译. 北京：机械工业出版社，2010.

[5] 戈进杰. 生物降解高分子材料及其应用 [M]. 北京：化学工业出版社，2002.

[6] 张玉霞. 可生物降解聚合物及其纳米复合材料 [M]. 北京：机械工业出版社，2017.

[7] 任杰，李建波. 聚乳酸 [M]. 北京：化学工业出版社，2014.

[8] 陈国强，魏岱旭. 微生物聚羟基脂肪酸酯 [M]. 北京：化学工业出版社，2014.

[9] 梅芳芳，彭娅，孙飞，等. 聚乳酸改性的研究进展 [J]. 工程塑料应用，2011，9：89-91.

[10] 蒋全光，李亚滨. 可再生聚乳酸纤维的研究进展 [J]. 天津纺织科技，2012，2：1-4.

[11] 周旋，武永刚，李娟，等. 聚乳酸阻燃改性研究进展 [J]. 工程塑料应用，2012，8：98-103.

[12] 张来，张文霞，蔡广楠，等. PEA 热性能参数的研究 [J]. 塑料工业，2012，1：68-71.

[13] 朱晓丹，王婕. 聚乳酸及其纤维的发展及应用 [J]. 聚酯工业，2011，2：13-16.

[14] 漆小瑾，黄小云，刘晓玲. PLA 多组分针织用混纺纱及其针织面料的开发 [J]. 针织工业，2007，2：11-17.

[15] 姚军燕，杨青芳，周应学，等. 高性能聚乳酸纤维的研究进展 [J]. 化工进展，2006，3：286-291.

[16] 张红霞，陈志蕾，李艳清，等. PTT/PLA/粘胶混纺织物的服用性能 [J]. 纺织学报，2011，8：41-45.

[17] 刘艳，孟家光. 绿色环保纤维 PLA 针织产品开发 [J]. 上海纺织科技，2006，1：55-56.

[18] 蒋秀翔，徐超武，官伟波. 聚乳酸纤维及织物的性能和应用 [J]. 四川丝绸，2006，4：21-23.

[19] 林浩，刘艳君. PLA DTY 针织面料的研究 [J]. 陕西纺织，2011，2：41-43.

[20] 高兵. PLA 纬编针织产品的开发 [J]. 针织工业，2006，8：40-42.

［21］杨斌. 绿色塑料聚乳酸 ［M］. 北京：化学工业出版社，2007.

［22］陈宁. 聚乳酸非织造布抗菌材料的制备及其性能研究 ［M］. 天津：天津工业大学出版社，2008.

［23］敬凌霄，欧永玲，王云，等. PLA 纤维针织产品的开发 ［J］. 针织工业，2006，12：33-34.

［24］王军梅，敬凌霄. 玉米聚乳酸纤维针织产品的开发 ［J］. 纺织科技进展，2006，5：64-66.

［25］杜捷逻，赵俐. 聚乳酸纤维纬编针织产品的研究及开发 ［J］. 国际纺织导报，2011，5：32-34.

［26］陈晴，夏风林. PLA 纤维经编可编织性探讨 ［J］. 针织工业，2006，7：5-6.

［27］陈宽义，沈季疆. 玉米纤维水刺非织造布的研究开发 ［J］. 产业用纺织品，2009，27（7）：6-9.

［28］渠叶红，柯勤飞，靳向煜，等. 熔喷聚乳酸非织造材料工艺与过滤性能研究 ［J］. 产业用纺织品，2005，23（5）：19-22.

［29］邹荣华. 聚乳酸纺粘法非织造布设备及工艺技术研究 ［J］. 纺织导报，2011，（10）：132-134.

［30］任元林，焦晓宁，程博闻，等. 聚乳酸纤维及其非织造布的生产和应用 ［J］. 产业用纺织品，2005，23（4）：9-12

［31］张闯，计建中，段腊梅，等. 聚乳酸纺粘针刺非织造布生产工艺探讨 ［J］. 非织造布，2007，15（6）：25-27.

［32］刘亚，程博闻，周哲，等. 聚乳酸熔喷非织造布的研制 ［J］. 纺织学报，2007，28（10）：49-53.

［33］渠叶红，柯勤飞，靳向煜，等. 熔喷聚乳酸非织造材料工艺与过滤性能研究 ［J］. 产业用纺织品，2005，23（5）：19-22.

［34］张琦，于斌，韩建，等. 电气石改性聚乳酸切片的制备及分析 ［J］. 浙江理工大学学报，2012，29（4）：480-483.

［35］于斌，韩建，余鹏程，等. 驻极体对熔喷用 PLA 材料热性能及可纺性的影响 ［J］. 纺织学报，2013，34（2）：82-85.